物理大爆炸

128堂物理通关课

• 进阶篇

运动和力

李剑龙 | 著
牛猫小分队 | 绘

浙江科学技术出版社

图书在版编目（CIP）数据

物理大爆炸：128 堂物理通关课．进阶篇．运动和力 / 李剑龙著；牛猫小分队绘．—杭州：浙江科学技术出版社，2023.8（2024.6 重印）

ISBN 978-7-5739-0583-3

Ⅰ．①物… Ⅱ．①李… ②牛… Ⅲ．①物理学－青少年读物 Ⅳ．① O4-49

中国国家版本馆 CIP 数据核字 (2023) 第 052595 号

美术指导 _ 苏岚岚
画面策划 _ 李剑龙 赏 鉴
漫画主创 _ 赏 鉴 苏岚岚
漫画助理 _ 杨盼盼 虞天成 张 莹
封面设计 _ 牛猫小分队
版式设计 _ 牛猫小分队
设计执行 _ 郭童羽 张 莹

鸣谢名单

第8册 徐颖 谭章

第9册 赵沛 李涛 卞赟 王一 孙亚飞 代佳明 吴跃伟 李延兵

第10册 汪建勋 唐立梅 吕秋平 全向前

第11册 李轻舟 王苏 刘芳菲

第12册 杨式辉 孟斐 何校威 陈耸 周至美 曹伟

感谢所有为本书提供彩色照片的科学家和摄影师们。

作者简介

你好，我叫李剑龙，现在住在杭州。我在浙江大学近代物理中心取得了博士学位，也是中国科普作家协会的会员。

在读博士的时候，我就喜欢上了科学传播。我发现，国内的很多学习资料都是专家写给同行看的。读者如果没有经过专业的训练，很难读懂其中在说什么。如果把这些资料拿给青少年看，他们就更搞不懂了。

于是，为了让知识变得平易近人，让青少年们感受到学习的乐趣，我创办了图书品牌“谢耳朵漫画”。漫画中的谢耳朵就是我。我的主要工作就是将硬核的知识拆开，变成一级级容易攀登的“知识台阶”。于是，我成了一位跨领域的科研解读人。我服务过 985 大学、中国科学院各研究所的博导、教授和院士们。此外，我还承接过两位诺贝尔奖得主提出的解读需求。

“谢耳朵漫画”创办以来，我带领团队创作了多部面向青少年的科学漫画图书，如《有本事来吃我呀》《这屁股我不要了》和《新科技驾到》。其中有的作品正在海外发售，有的作品获得了文津奖推荐，有的作品销量超过了 200 万册。

我在得到知识平台推出的重磅课程“给忙碌者的量子力学课”，已经帮助 6 万人颠覆了自己的世界观。

绘者简介

你好呀，我是牛猫小分队的牛猫，我的真名叫苏岚岚。我从中国美术学院毕业后到法国学习设计，并且获得了法国国家高等造型艺术硕士文凭。求学期间，我的很多专业课拿了第一，作品多次获奖，也多次参加国内外展览。由于表现突出，我还获得了欧盟奖学金支持，到德国学习插画，并且取得所有科目全 A 的好成绩。工作以后，我成为《有本事来吃我呀》和《动物大爆炸》的作者、《新科技驾到》和《这屁股我不要了》的主创。

看到这里，你一定以为我是一名从小到大成绩优秀的“学霸”。其实，我中学时代偏科严重，是一名物理“学渣”。明明自己很聪明，可是物理考试怎么会不及格呢？我经过长时间的反思，终于找到了原因。课本太枯燥了，老师讲得又无趣，久而久之，我对这个科目完全失去了兴趣。

从学渣到学霸的转变，让我深刻体会到“兴趣是最好的老师”。于是，我把设计、画画、编剧等技能发挥出来，开创了用四格漫画组成“小剧场”来传播科学知识的形式。咱们这套书里的很多故事就是我和李老师共同创作的，希望让小朋友在哈哈大笑中学会知识。

牛猫小分队的另一个核心成员叫赏鉴，他是咱们这套书的漫画主笔，他画的漫画在全网已经有 5000 万以上的阅读量啦。

目
录

第47堂 我们为什么要学习运动和力

第48堂 阻力和惯性

第50堂　摩擦力

知识地图　运动和力通向何处

谢耳朵漫画·物理大爆炸

第47堂

我们为什么要学习运动和力

我刚学会游泳，咱俩比比，
看谁先游到对岸！
那我赢定了！我是
去年的蛙泳冠军！

加油——
预备 —— 开始！
扑通——

扑腾
这蛙怎么游得
比我还快？
扑腾

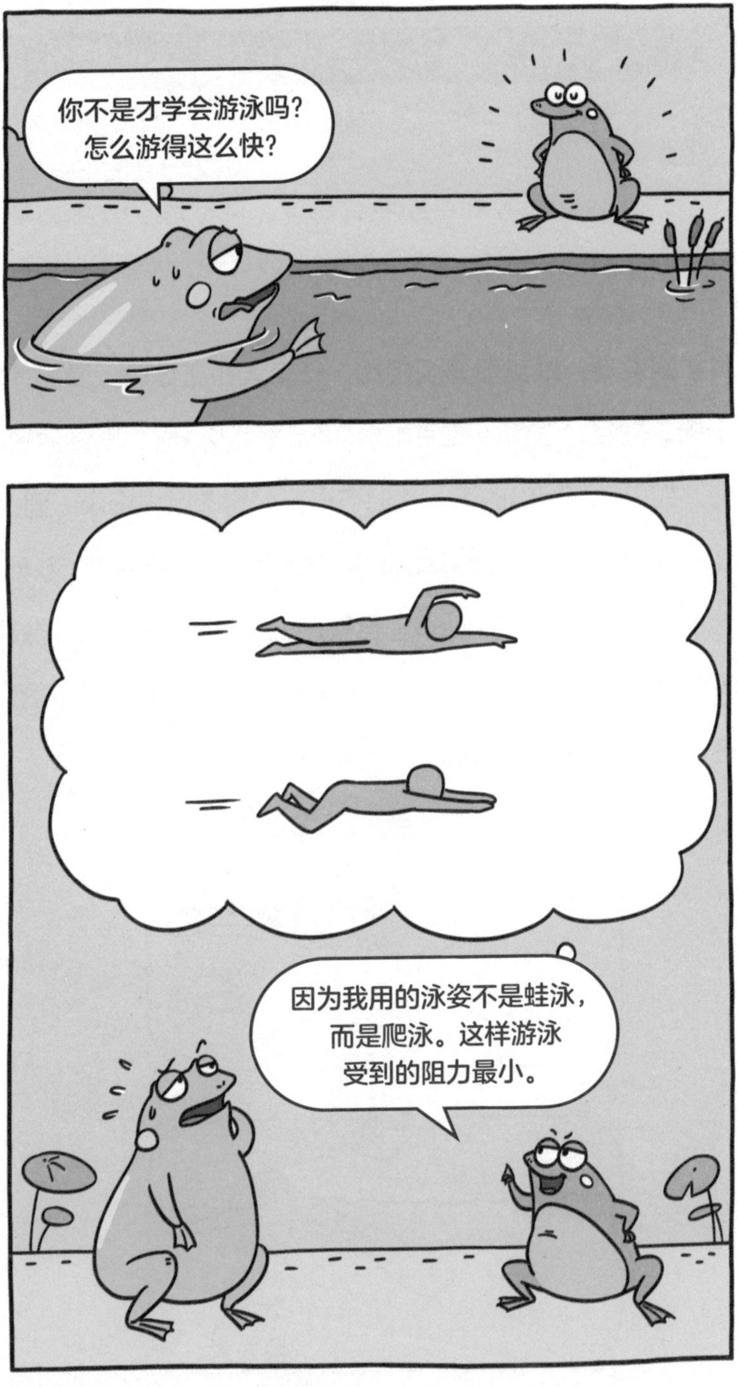

因为我用的泳姿不是蛙泳，
而是爬泳。这样游泳
受到的阻力最小。

第 1 节　在所有泳姿中，爬泳的阻力是最小的

为什么这只青蛙才刚学会游泳，就战胜了去年的蛙泳冠军呢？因为他使用了一种特殊的泳姿——爬泳。

科学家发现，跟其他泳姿相比，一个人在爬泳时，受到的阻力是最小的。并且，这个人在使出相同的力气游泳时，爬泳的速度是最快的。如果你不相信的话，我们可以一起看看世界纪录：到 2022 年为止，在男子 100 米游泳比赛中，蛙泳的世界纪录是 56 秒 88，而爬泳的世界纪录是 46 秒 86。也就是说，爬泳世界冠军比蛙泳世界冠军快了 10 秒钟。所以，一只新手青蛙通过选择阻力最小的泳姿，完全有可能战胜前蛙泳冠军。

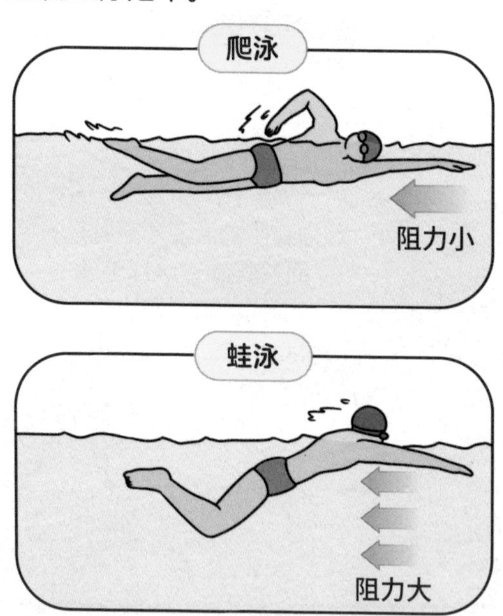

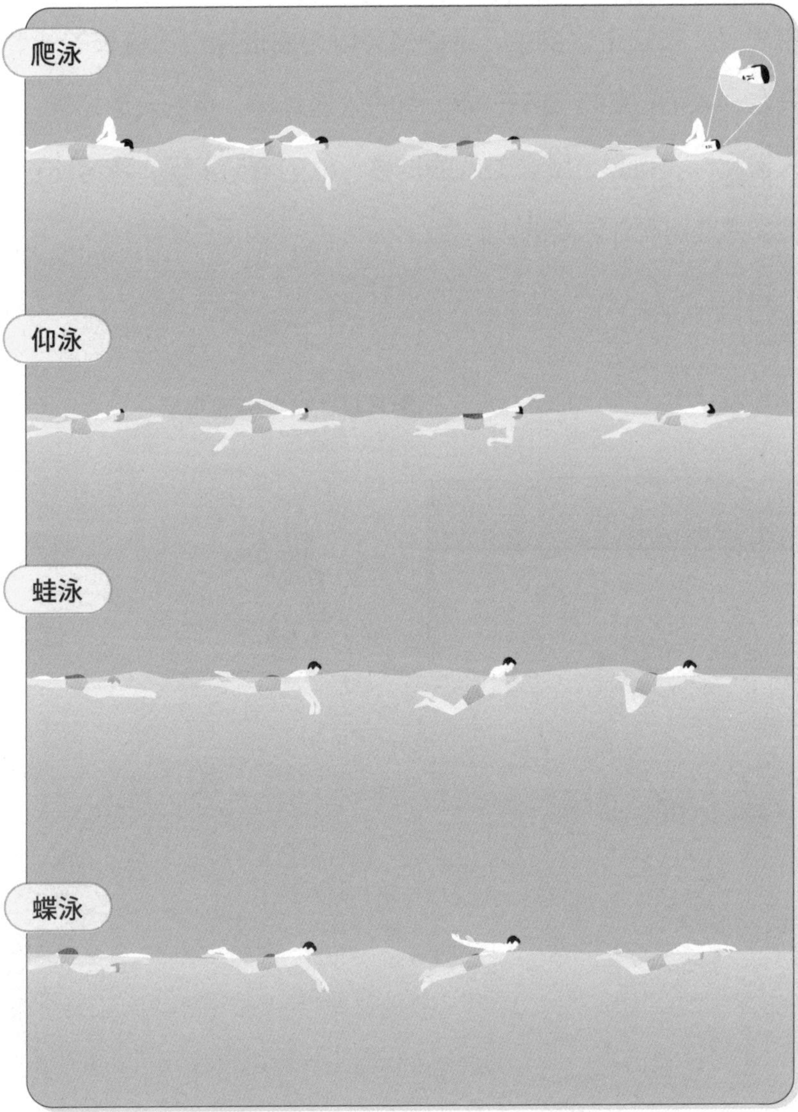

爬泳

仰泳

蛙泳

蝶泳

第 2 节 爬泳和自由泳是什么关系

在游泳比赛中，你常常会听到一种叫“自由泳”的比赛项目。顾名思义，在这个比赛中，运动员可以自由选择自己擅长的泳姿。一开始，人们选的泳姿不一样，有的人选蛙泳，有的人选蝶泳，有的人选爬泳。可是，随着时间的推移，他们渐渐发现，赢得比赛的往往都是使用爬泳泳姿的人。

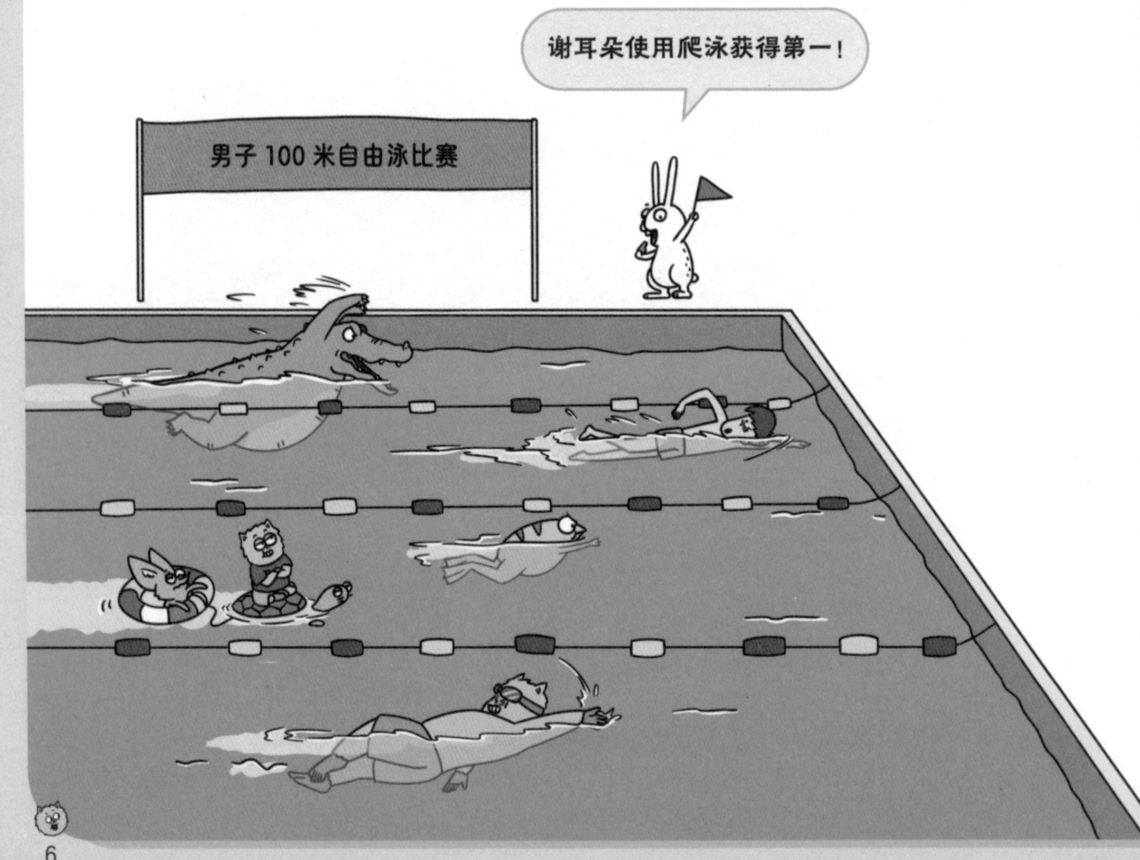

结果，在自由泳的比赛中，使用爬泳的人越来越多，使用其他泳姿的人越来越少。最终，自由泳比赛变得完全“不自由”了——所有的运动员都在游爬泳。或许就是从那时起，“自由泳”变成了“爬泳”的代名词。我们报名学游泳时，常常会看到“自由泳培训班”，却很少看到“爬泳培训班”。

第 3 节 在物理学中，运动和力形影不离

这个故事告诉我们，运动和力并不是两个孤立的物理现象。在真实的世界中，运动和力就像一个人和自己的影子一样，时时刻刻都绑在一起。这种绑定主要体现在两个方面。

第一，物体受到的作用力会决定物体的运动状态。

例如，游泳运动员跳进泳池之后，往往会先潜泳一段时间。这时，在阻力的作用下，他们的速度会越来越慢。

如果他们一直不摆动大腿、不挥动手臂，就会在阻力的作用下慢慢停下来。

相反，如果他们跳进泳池后，赶紧摆动大腿、挥动手臂，对水施加作用力，让水对身体不断施加反作用力，他们就会在阻力和反作用力的共同作用下快速向前。这就说明，物体受到的作用力确实可以决定物体的运动状态。

借助水的反作用力向前运动

阻力

水的反作用力

水的反作用力

第二，物体的运动状态有时候也会决定它受到的作用力。

例如，当一颗子弹直挺挺地从枪口飞出去时，空气阻力就会让它前进的速度迅速下降，导致它跑不了很远。

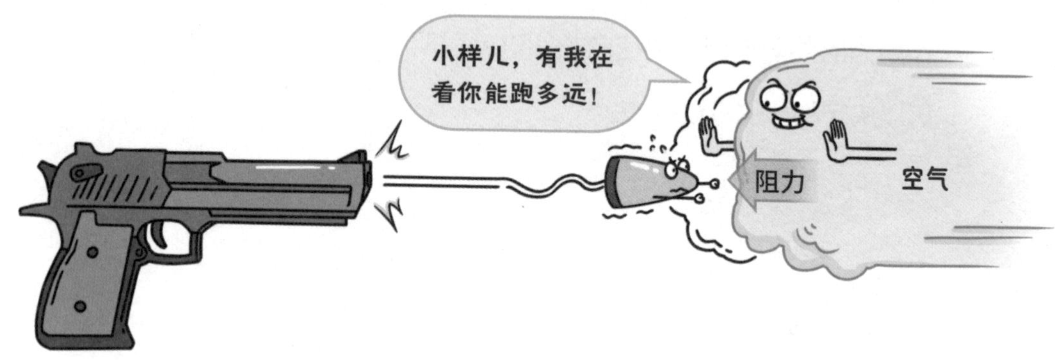

如果这颗子弹在飞出枪口时，一边向前冲，一边发生高速自转，那么空气阻力也会分为两部分。一部分阻力试图阻止它自转，剩下一部分阻力试图阻止它前进。如此一来，子弹前进的速度就不会下降得太快，可以跑到更远的地方。

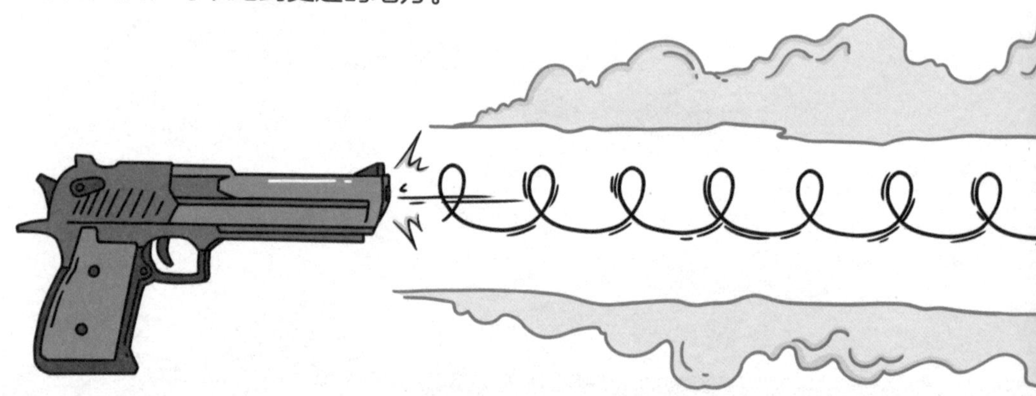

因此，在真实的世界中，现代枪械射出的子弹大都是高速自转的。

这个例子说明，物体的运动状态会反过来决定它受到的一部分作用力。

你看，作用力会决定运动状态，运动状态又会在一定条件下决定作用力，运动和力的关系是不是难解难分、形影不离呢？因此，为了理解真实世界中的复杂问题，我们必须将运动和力综合在一起，这就是学习“运动和力”这一册的意义。

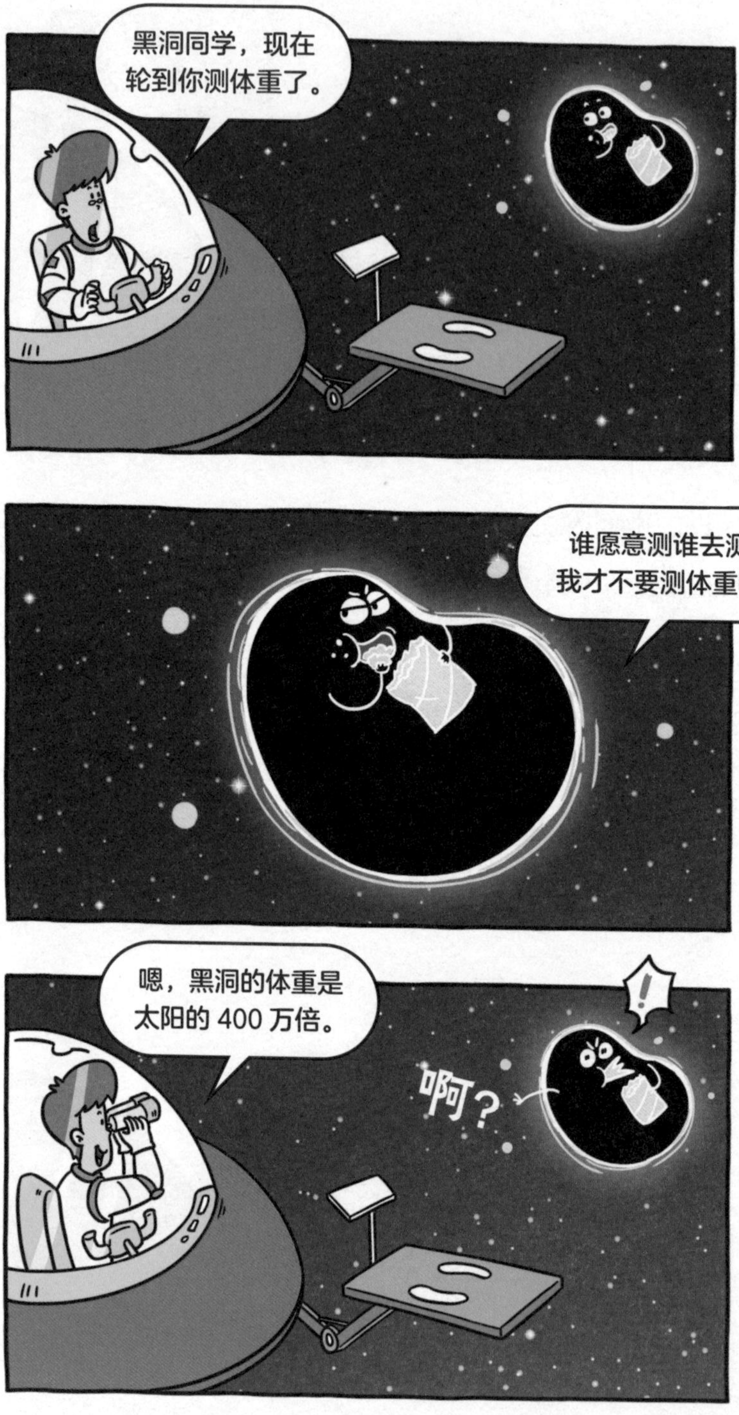

谁愿意测谁去测，
我才不要测体重呢。

嗯，黑洞的体重是
太阳的 400 万倍。

!

啊？

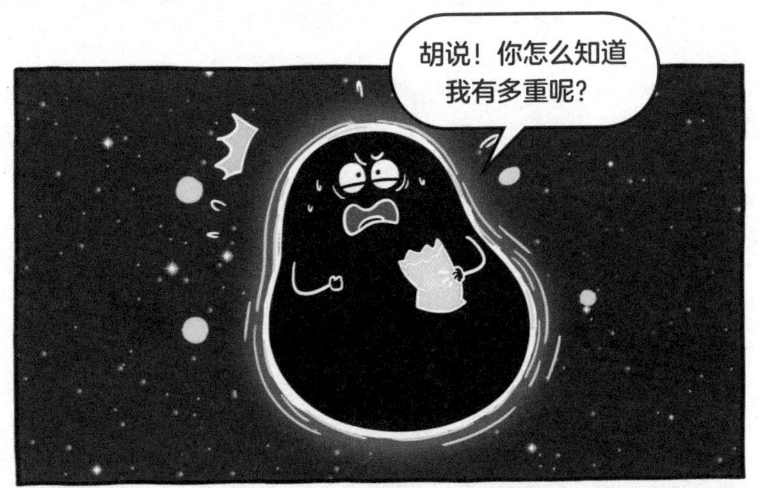

嘿嘿！

我是通过测量恒星运动
的轨迹算出来的。

第 4 节 普通的测量质量的方法在黑洞身上不管用

你说奇怪不奇怪，银河系中心的黑洞距离我们那么遥远，既不发光，也不反射光，即使用望远镜观察也只能看到漆黑一片，我们是如何知道它的质量的呢？

这个问题的答案就藏在运动和力的关系里。不过，答案我先不告诉你，让我们一步一步地向前探寻。

我们在第 6 册中说过，测量质量通常有两种方法：第一种方法是把物体放在天平或体重秤上，利用它的重力间接地测出质量；第二种方法是把物体放在太空质量仪上，并对它施加一种作用力，通过测量它的运动状态有多大改变来间接地测出它的质量。

那么，这两种方法对黑洞管不管用呢？显然都不管用。黑洞的质量实在太大了，因此它对周围物体的万有引力也非常大，如果把它放到仪器上测量，仪器就会立刻被它吸进肚子里。如果把它拖到太阳系附近，地球、太阳等一众天体都会被它产生的万有引力牢牢吸住，绕着它不断转圈，永远也无法跑掉。

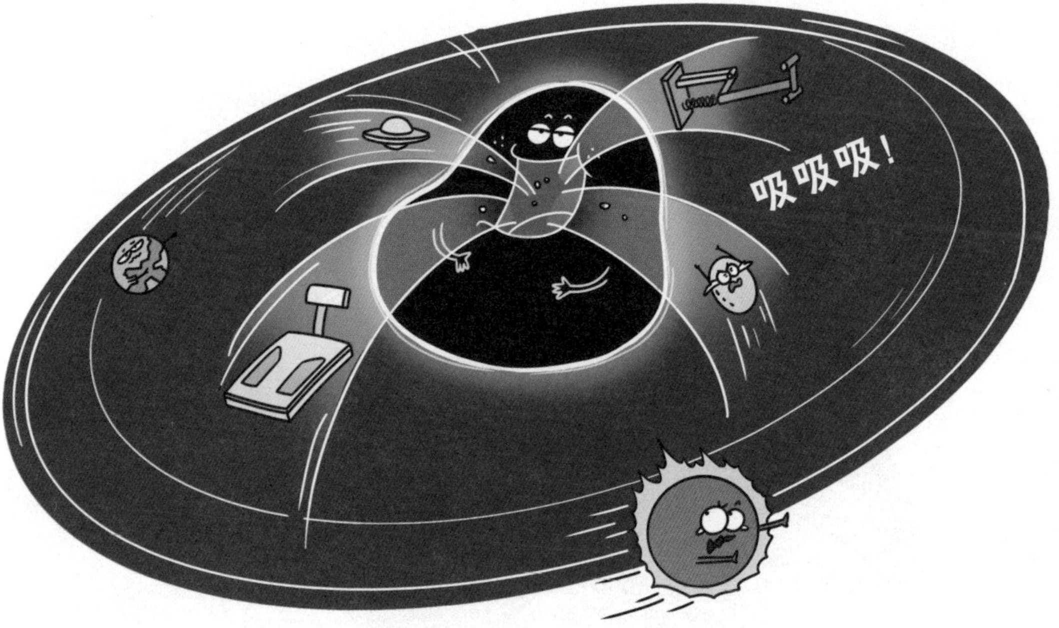

第 5 节 测量质量的第三种方法

那么，除了这两种方法，世界上还有第三种测量质量的方法吗？

有！而且，方法就藏在刚才的问题里。请你想想看，虽然黑洞是黑漆漆一团，我们完全看不到，但如果黑洞周围有恒星，我们应该都能看到，对吧？当一颗恒星运行到黑洞附近时，它就会被黑洞的万有引力牢牢吸住，然后在黑洞周围不断地转圈。

科学家发现，恒星转动的轨迹和所花的时间，与它受到的万有引力大小有关。在相同的距离下，恒星受到的万有引力越大，它转完一圈所花的时间就越短。例如，地球绕太阳转动一圈所需的时间

是 365 天多一点儿。假如我们让太阳吃一顿大餐，使它的质量变成原来的 4 倍，那么，在同样的轨道上，地球绕太阳公转一圈的时间就会缩短到原来的一半，变成 180 多天。

于是，通过观察恒星绕黑洞转圈，科学家就能算出黑洞产生的万有引力的大小。

知道了黑洞的万有引力，后面的事儿就好办啦。

1687 年，英国科学家牛顿向世人公开了著名的**万有引力定律。根据这个定律，在相同的距离下，一个天体的质量越大，它产生的万有引力就越大。**于是，科学家只需要把黑洞的万有引力数值代入这个定律之中，就能轻松计算出黑洞的质量来。通过计算得知，银河系中心的黑洞（人马座 A*）的质量大约是太阳的 400 万倍，是地球的 1.3 万亿倍。这就是测量质量的第三种方法。

人马座 A* 附近恒星的运动轨迹

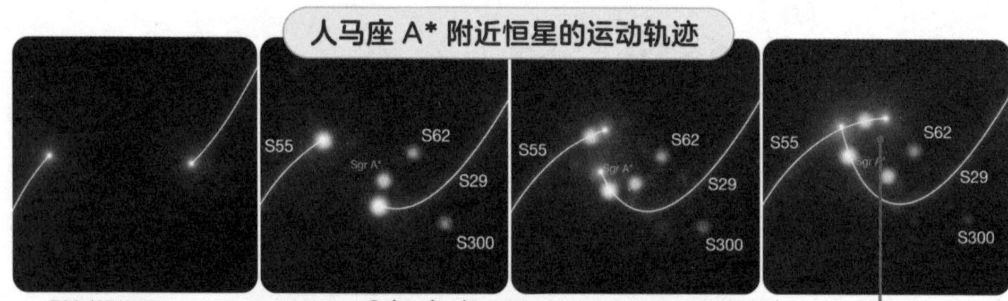

ESO/GRAVITY collaboration/L. Calçada 摄，Wikimedia Commons 收藏，遵守 CC BY 4.0 协议

经过计算机处理的人马座 A* 的影像

人马座 A* 质量
≈太阳质量 ×400 万

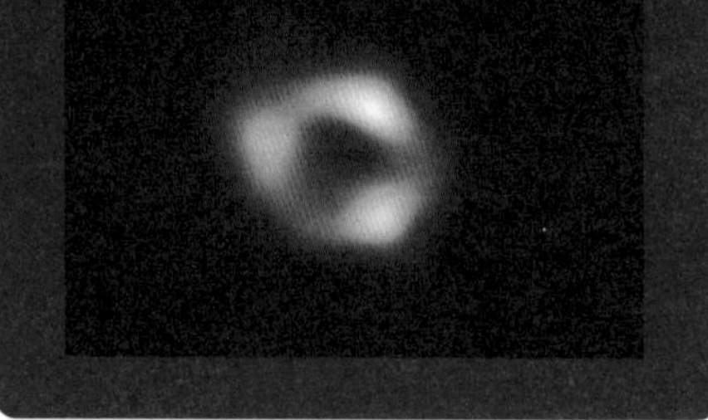

EHT Collaboration 摄，Wikimedia Commons 收藏，遵守 CC BY 4.0 协议

人马座 A* 质量
≈地球质量 ×1.3 万亿

让我们总结一下。**首先，我们测量出待测天体周围的天体的运动轨迹和转动周期；其次，我们算出待测天体产生的万有引力的大小，再进一步算出待测天体的质量。**不过，这种方法只对大质量天体有用。如果想要测量小猫小狗的质量，我们还是只能用之前那两种方法。

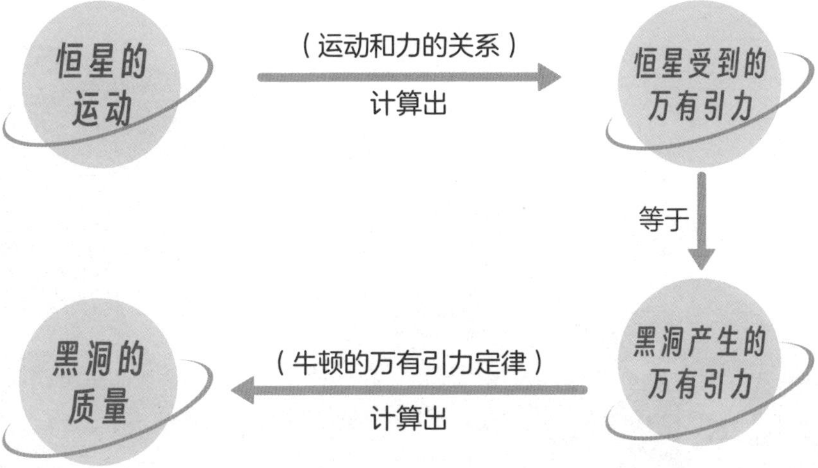

恒星的运动 →（运动和力的关系）计算出 → 恒星受到的万有引力

恒星受到的万有引力 → 等于 → 黑洞产生的万有引力

黑洞产生的万有引力 →（牛顿的万有引力定律）计算出 → 黑洞的质量

第 6 节 物理学中的许多测量都是从运动和力开始的

你知道吗，宇宙中许多天体的质量，都是用这种方法测量出来的。

比如，利用木星的一号卫星“木卫一”绕木星公转的轨迹和转动周期，我们可以算出木星的质量大约是地球的 318 倍。

利用金星绕太阳公转的轨迹和周期，我们可以算出太阳的质量大约是地球的 33 万倍。

虽然这些测量涉及大量计算，看起来比较烦琐，但这已经是科学家迄今为止发现的最好用的方法了。

事实上，除了质量，物理学中的许多测量都是从运动和力开始，一步一步推演下去的。例如，老式的摆钟能测量时间，就是我们从单摆的运动和受力向前推演的结果。

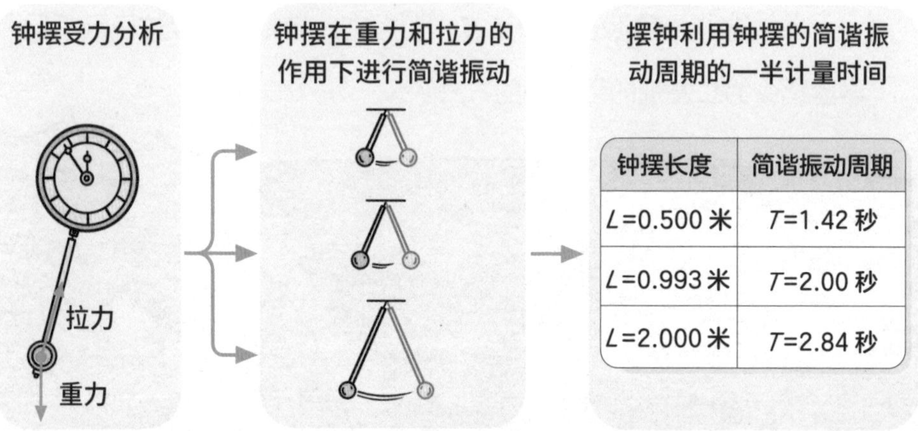

钟摆长度	简谐振动周期
L=0.500 米	T=1.42 秒
L=0.993 米	T=2.00 秒
L=2.000 米	T=2.84 秒

我们在第 11 册中要讲的机械能，就是从物体受到的推力和物体运动的距离中推演出来的。

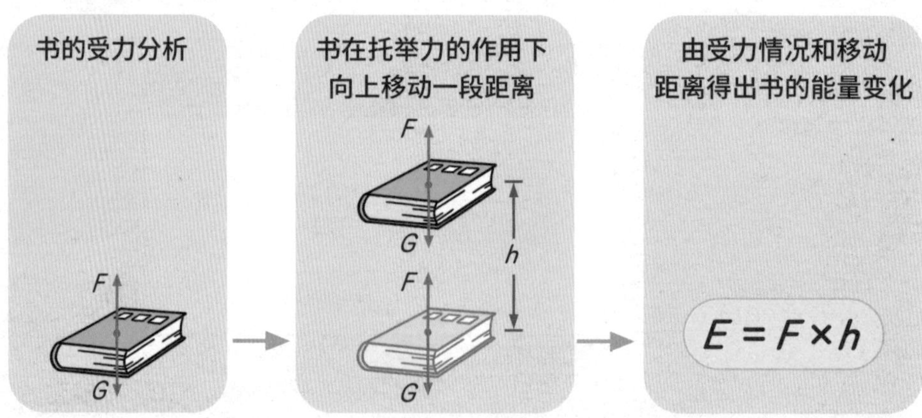

进一步讲，科学家通过实验研究组成物质的各种基本粒子，还要研究它们相互作用的规律，这些都是通过测量它们的运动和力，从而推演出来的。

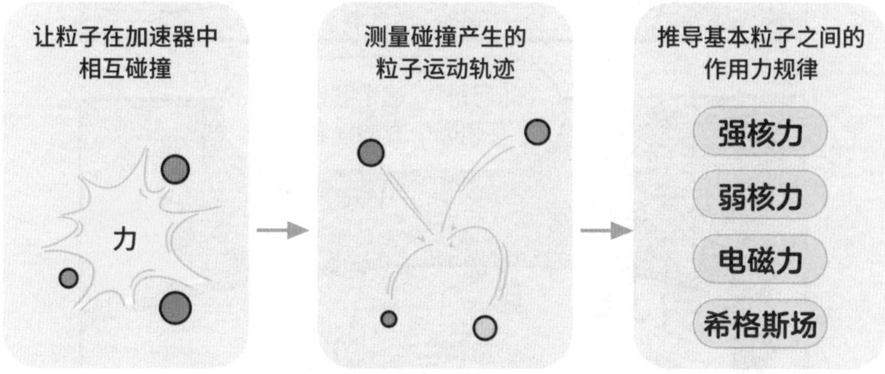

总之，如果说力学是物理学的中枢，那么运动和力就是这个中枢的第一个节点。要想游遍物理学世界，就请你从运动和力开始吧！

谢耳朵博士，你不是说地球在自转吗，我怎么感觉不到它在转？
我带你们去一个地方。
42
你们看看，这个圆锥体现在朝哪个方向摆动？
晃！
晃！
朝东西方向摆动。
现在我们去科技馆逛一会儿，待会儿再来看看。
42

你们看看，这个圆锥体现
在朝哪个方向摆动？
晃！
晃！
咦，圆锥摆的方向怎么变了？
这是因为摆有惯性。当地球通过自转转过一
定角度时，摆没有跟着转过去，所以你会发
现摆相对地球表面的方向发生了变化。

第 7 节 为什么说钟摆没有转动，是我们在转动

在科技馆的大厅中央，吊着一个长长的“钟摆”。当大家刚刚走进科技馆时，它朝着东西方向摆动。当大家参观完科技馆之后，它却朝着东南与西北方向摆动。你可能会想，是不是有人偷偷改变了它的摆动方向呢？并没有。这个“钟摆”由一根细细的不锈钢钢丝吊在天花板上，中间没有任何可以影响它的机械或人。假如我们目不转睛地盯着它摆动，就会发现，它确实会在不受其他外力影响的前提下，偷偷地改变摆动的方向。这到底是怎么回事呢？

摆没有动，是地球在带着我们转动！

巴黎万神殿的傅科摆

Arnaud 25 摄，Wikimedia Commons 收藏

道理很简单，这个“钟摆”的摆动方向并没有改变，但在地球上的万物随着地球自转时，我们和科技馆的相对方向发生了改变。由于地球的自转十分缓慢，我们感受不到自己正在转动，因此，我们错误地认为“钟摆”偷偷改变了自己的摆动方向。

等你学过“运动和力”之后，就会发现，不管我们的感受是什么样的，摆的方向都不可能发生变化[注]。真正改变了方向的，是我们。

注：为了简单起见，我们在这里不讨论摆所在地的纬度对摆运动的影响。

不管地球如何自转，“钟摆”的摆动方向始终不变。这个性质对科学家来说，简直是天大的喜讯。你想啊，不管我们拿着指南针如何转动，指南针的方向也始终不变。正是因为这一点，我们才能在野外利用指南针寻找方向。假如我们能制造一种机械装置，像“钟摆”一样始终保持不变，我们岂不是就拥有了一台像指南针一样神奇的仪器了吗？

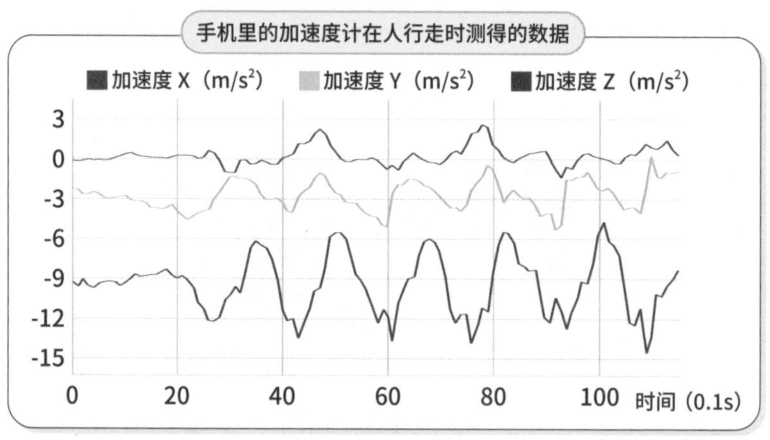

Raimond Spekking 摄，Wikimedia Commons 收藏，遵守 CC BY-SA 4.0 协议

实际上，这种仪器一点儿也不神奇，因为它们就藏在每个人的手机里，分别叫作**加速度计**和**陀螺仪**。当你以各种角度倾斜手机时，手机能立刻测量出自己的变化，靠的就是这两种仪器。当你把手机放在裤兜里出门散步时，你的手机能够记录你一共走了多少步，靠的是加速度计。当太空望远镜需要根据地面的指令调整方向，对准某一片遥远的星空时，靠的是陀螺仪。

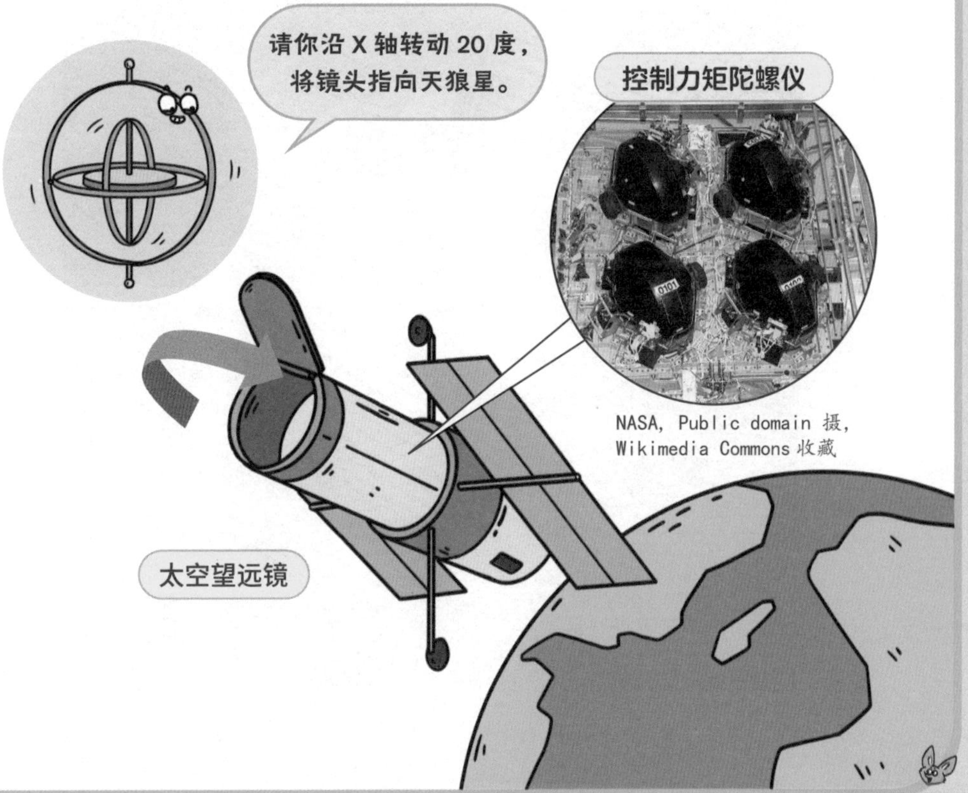

请你沿 X 轴转动 20 度，将镜头指向天狼星。

控制力矩陀螺仪

NASA, Public domain 摄，Wikimedia Commons 收藏

太空望远镜

除了加速度计和陀螺仪，生活中还有很多事情悄悄地应用着“运动和力”的知识。比如，开车上坡的时候，货车司机需要把货车换到低速挡，是为了让发动机降低转速，从而提供更强大的牵引力。不然的话，货车就有可能待在坡底，动弹不得。

再比如，用洗衣机甩干羊毛衫的时候，我们要把它的转速从1000 转 / 分降低到 600 转 / 分，是为了让它不要产生过强的离心力，不然的话，羊毛衫就会缩水变硬。

哌哌哌！

1000 转 / 分

第 9 节 电影中的失重效果是怎么拍出来的

“运动和力”的知识还能帮助我们实现各种神奇的电影特效。例如，好莱坞导演在拍摄电影《阿波罗 13 号》的时候，会让主演们乘坐一架名为“呕吐彗星”的飞机，从高空斜着向下坠落。此时，飞机上的乘客暂时感受不到重力，他们会觉得自己像是进入了太空轨道，可以像真正的航天员一样飘来飘去。

运动和力的应用，真是让人说上三天三夜也说不完。现在，就让我们收起话题，准备行囊，亲自去探索运动和力的世界吧！

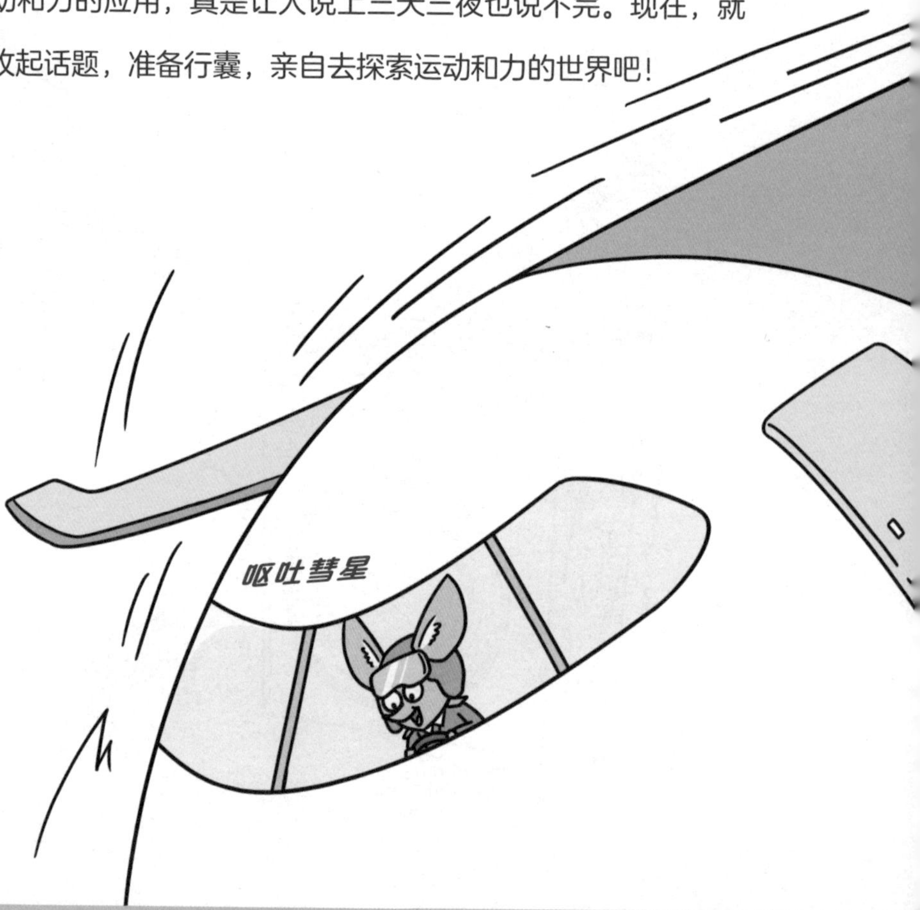

呕吐彗星

飘浮
哇，好神奇！
我居然飘起来了！
飘浮
咻！
下坠！

帅

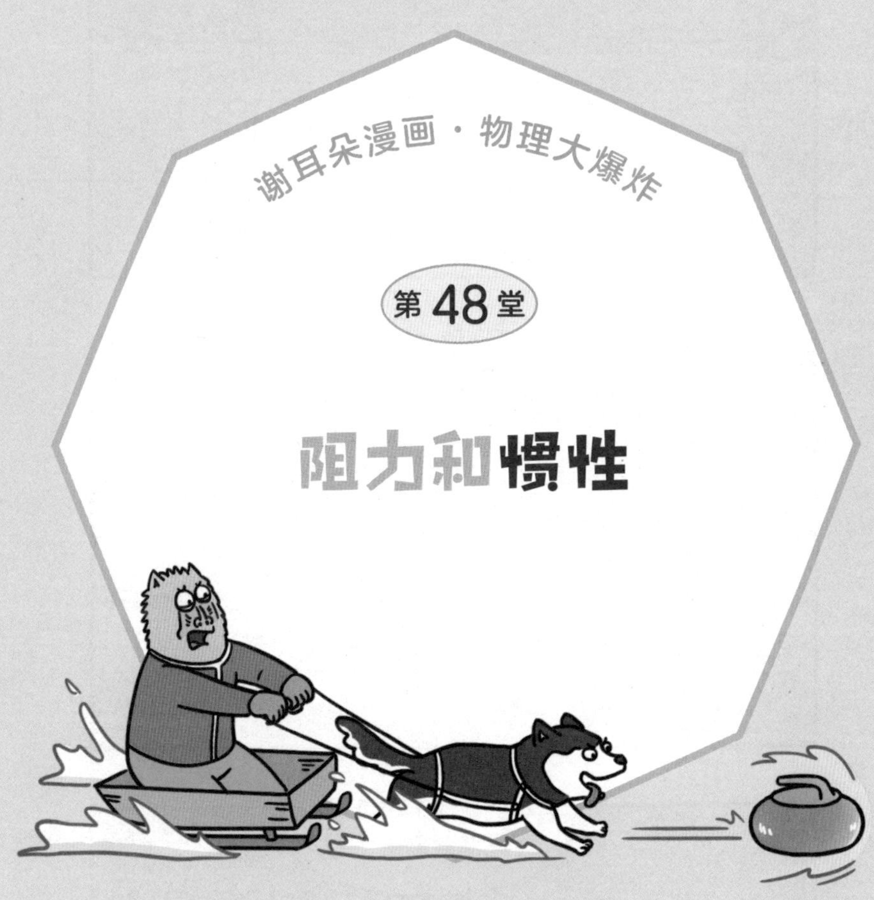
谢耳朵漫画·物理大爆炸
第48堂
阻力和惯性

瞄准

哎呀，没使上劲，打太近了。
嘿！
啪！
滚动——

不能让侄子超过我，
否则他会嘲笑我的。
帅
瞄准

来，叔叔教你。现在风速
大了，你得朝那儿打。
帅

哈！

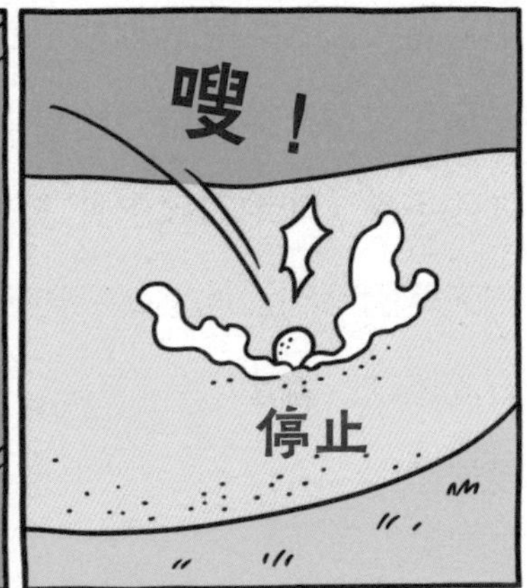
嗖！
停止

咦，为啥打到沙坑里
球就不滚动了？
嘿嘿……
帅

第 1 节 阻力会对运动产生怎样的影响

为什么山小魈把高尔夫球打到草地上之后，球还能骨碌碌地向前滚动一段距离，而山大魈把高尔夫球打到沙地上之后，球却一下子停住了呢？

这是因为，高尔夫球向前滚动时，分别会受到草地和沙地的阻力。阻力越大，它维持运动的时间就越短，停下来的时刻也就越早。草地对高尔夫球产生的阻力比较小，所以山小魈的高尔夫球滚了一会儿才停下来；沙地对高尔夫球产生的阻力比较大，因此，山大魈的高尔夫球刚落到沙地上就停住了。山小魈之所以建议山大魈朝沙地的方向击球，就是因为自己没打好，想让山大魈也打不好。大家可不要学他！

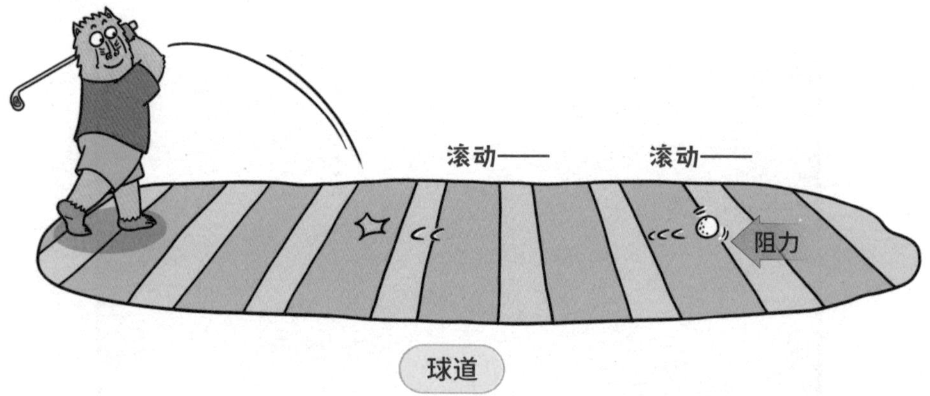

球道

从这个故事中我们可以看出，当一个物体被我们扔出去，或者被球杆打出去以后，它是会继续向前运动，还是迅速停下来，是会继续运动到很远的地方，还是只能再往前运动一点点，这些可能性都是由物体受到的阻力大小决定的。

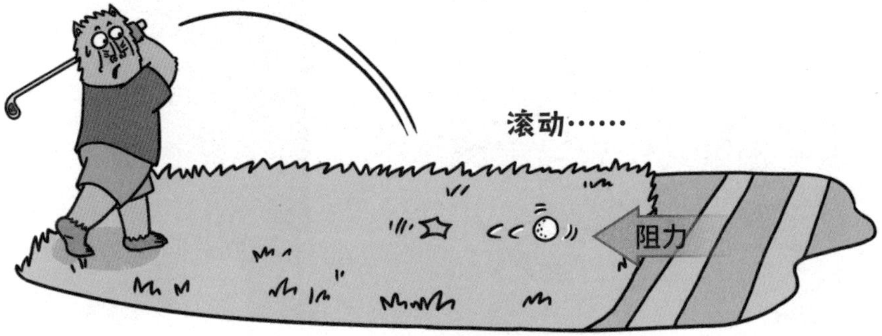

滚动……

阻力

草地

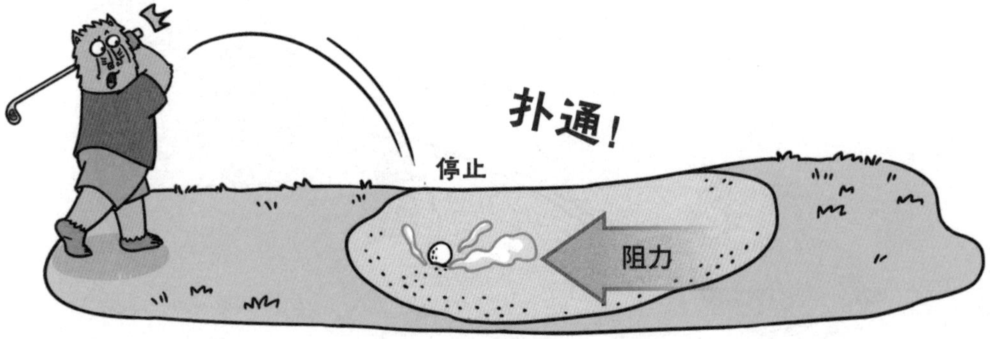

扑通！

停止

阻力

沙地

比如，为什么一张一张的草稿纸扔不远？因为草稿纸运动时受到的阻力很大。为什么把草稿纸捏成纸团以后就可以扔得很远？因为此时它受到的阻力变小了。

再比如，手枪里的子弹为什么可以打穿薄木板？因为薄木板对它产生的阻力比较小。子弹为什么打不穿防弹衣？因为防弹衣对它产生的阻力非常大。

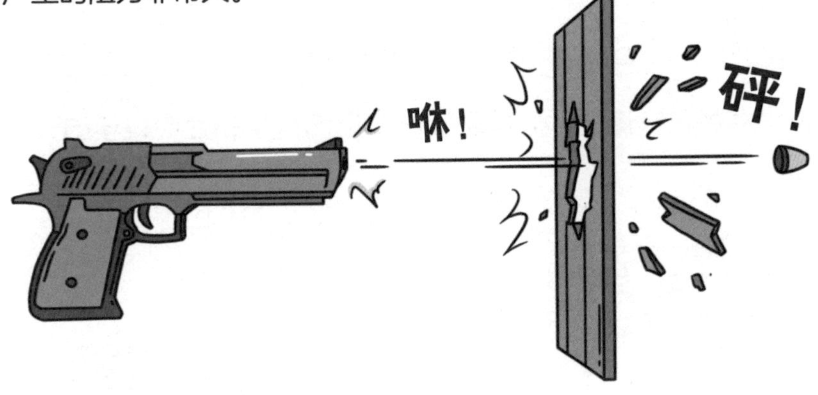

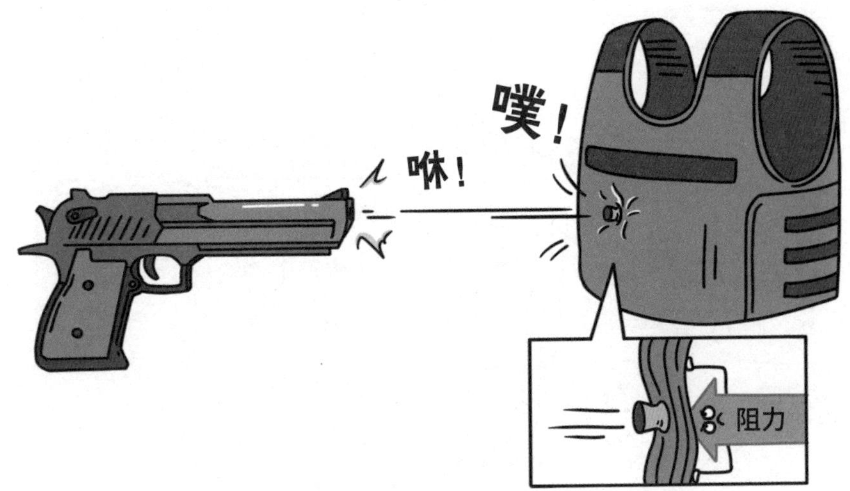

第 2 节 亚里士多德的错误假说

怎么样，这个道理是不是听起来很简单？可你知道吗，为了搞清楚运动和力的关系，人类可是花掉了近 2000 年的时间呢！

在 2000 多年前，古希腊有一位著名的哲学家，叫亚里士多德。亚里士多德非常博学，他发表了许多自然科学和社会科学的开山之作。

当时，亚里士多德并没有意识到阻力的作用。他发现，不管他把什么物体扔出去，要不了多久，那些物体都会停下来，只有不断地用手推动物体，物体才会一直运动下去。

于是，亚里士多德错误地总结道：如果要想让物体保持运动，就得一直向物体施加作用力。一旦物体不再受到外界的作用力，它就会停止运动。

在欧洲历史上的大部分时期里，知识只掌握在极少数的教士和贵族手里。很多老百姓连字都不认识，更不用说学习科学知识了。因此，他们都不可能指出亚里士多德的学说存在的问题。

好巧不巧的是，正当人们开始大力研究亚里士多德的学说时，罗马教廷迅速将他的学说与天主教教义相结合，然后将结合后的内容奉为正统学说，并且拒绝任何人质疑，谁要是敢质疑，就把他送上宗教法庭。

第 48 堂 阻力和惯性

于是，亚里士多德的错误学说就一直没有人能够改正，直到 1900 多年后，一位聪明的科学家提出了不同的看法。

嘿嘿，幸亏比赛之前我从谢耳朵的实验室里偷来了无阻力润滑油。
加油！
冰壶比赛
只要抹了这个油，冰壶就不会受到冰面的阻力，我就可以打出一个好成绩。

走起！

咦？怎么进了圆圈
还不停下来？
刺溜——

冰壶啊冰壶，
你快停下来！
呼哧呼哧——

你倒是停下来啊！
……

第 3 节 什么是惯性

为什么山小魈给冰壶涂上“无阻力润滑油”之后，冰壶就完全停不下来了呢？

你应该已经知道，物体在运动的过程中什么时候停下来，是由它受到的阻力决定的。有了我的“无阻力润滑油”，冰壶就不会受到阻力。没有阻力，冰壶当然不会停下来，而是一直向前跑啦。

也许你会问：冰壶真的会这么一直跑下去，永远不会停下来吗？从理论上来讲，它确实会一直这么跑下去。不过，在现实中，并不存在“无阻力润滑油”这样的东西。而且南极大陆并不是一马平川的，其中有很多由冰雪组成的高山。假如冰壶不小心撞到山上，它还是会在山的阻力的作用下停下来。

于是，我们从这个故事中能够发现这么一件事：**当一个物体处于运动之中时，如果它不受一丝一毫的阻力，那么它将始终保持原有的运动状态。**

在物理学中，我们把物体的这种性质叫作**惯性**。在后面的故事里，我们会陆续讲到惯性的各种特点和应用。在这里，让我们接着前面的话题，来说一说惯性和亚里士多德的假说是什么关系。

第 4 节 伽利略纠正了亚里士多德的错误

400 多年前，一位生活在意大利的科学家发现了惯性的存在，这个发现与亚里士多德说的“力是物体维持运动的原因”相矛盾。于是，他大胆地提出，亚里士多德说错了。这位科学家不是别人，正是改变了物理学的发展方向，让物理学从萌芽阶段走向成熟的意大利科学家伽利略。

伽利略是如何发现惯性存在的呢？当然不是靠打高尔夫球，也不是靠“无阻力润滑油”，而是靠一个巧妙的科学实验。

伽利略的斜面实验（简化版）

伽利略的科学实验充满了思辨精神，我们需要经过一定逻辑推理才能完全搞明白。因此，我在这里将他的实验进行简化，让实验变得更容易理解。

首先，我们准备一个斜面，并在斜面的顶端放一个铜球，然后在斜面下面铺上棉花。

假如我们松手让铜球向下滚动，铜球就会在棉花上滚出一小段距离，然后停下来。我们假设，由于棉花的阻力较大，铜球只滚出了 1 米的距离。

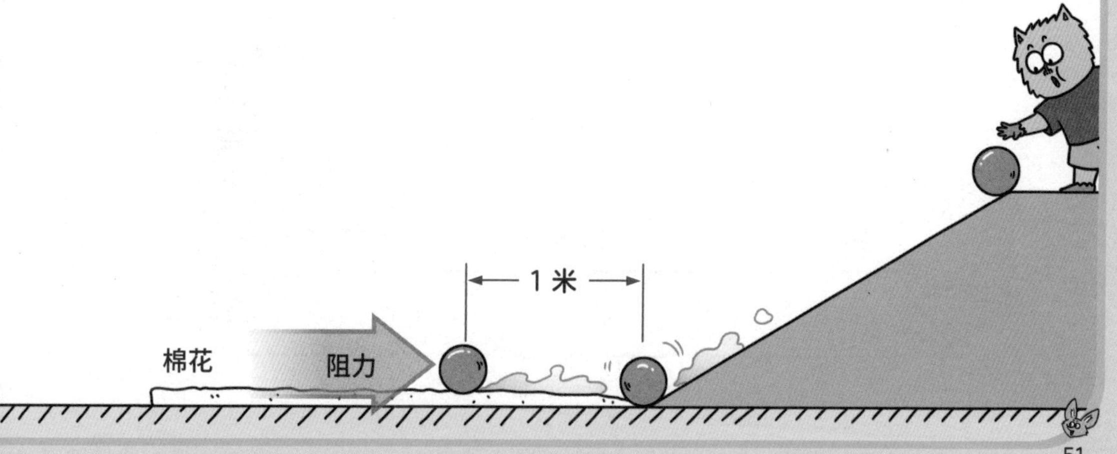

接下来，我们重新做一次实验。只不过，这次我们要把棉花换成平直的木板。于是，由于木板的阻力比棉花小，铜球这一次滚出了 5 米的距离。

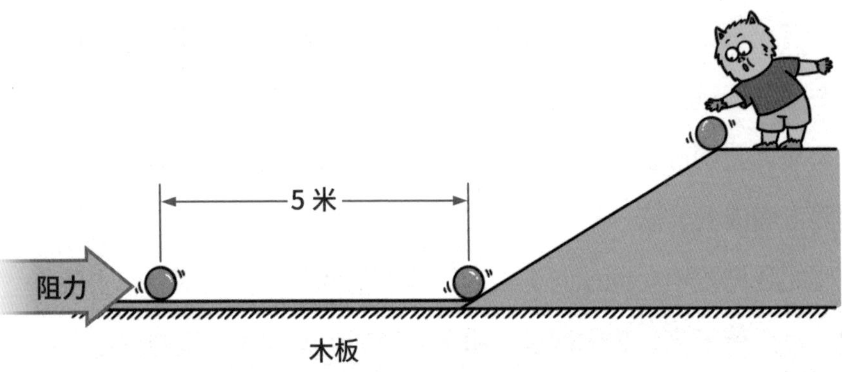

然后，我们把木板换成冰面。不用说，冰面的阻力比木板小，这一次铜球或许可以滚出 50 米的距离。

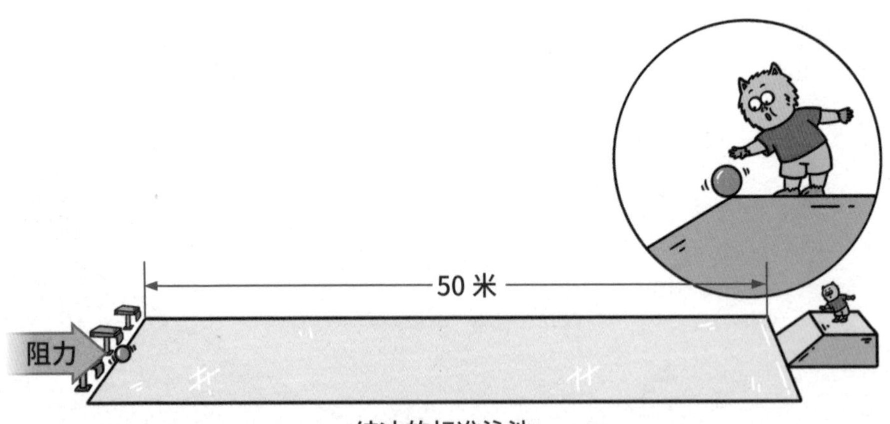

再然后，我们用打磨机将冰面抛光。于是，铜球受到的阻力又变小了，这一次它或许能滚出几千米的距离。

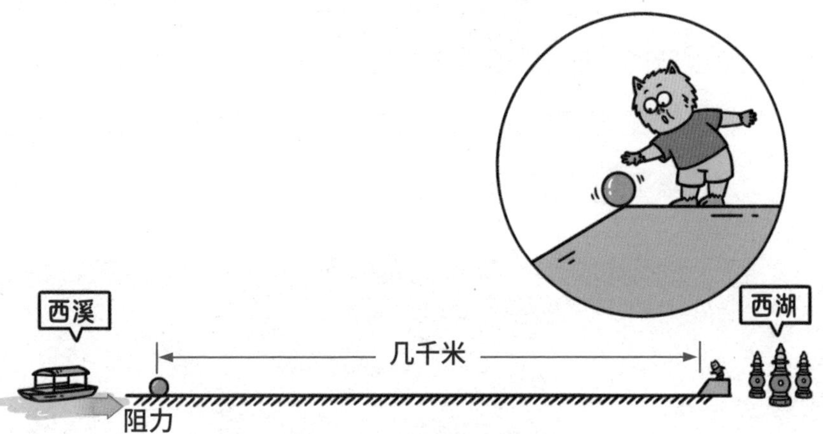

再然后，我们在抛光的冰面上涂上润滑油。于是，铜球受到的阻力再次变小，它滚出了几十千米的距离。

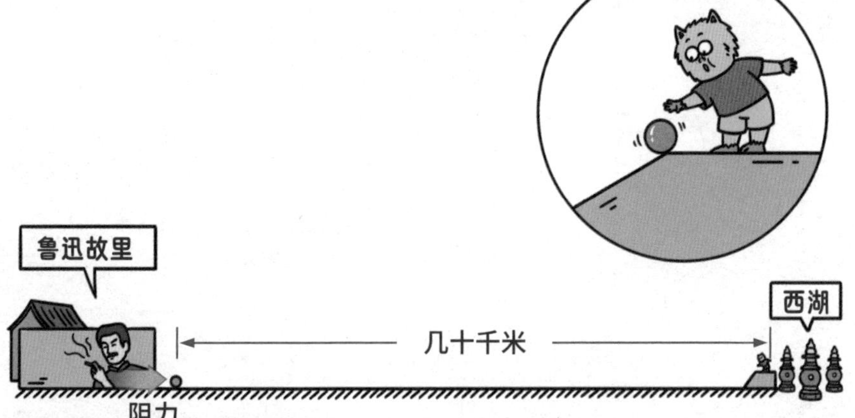

在一次又一次的实验中，我们想尽办法让铜球受到的阻力小一点儿，再小一点儿。于是，铜球向前滚动的距离就会变长一些，再变长一些。这样的实验可以一直进行下去，铜球滚动的距离变得越来越长，先是几十千米，然后是几百千米、几千千米……假如我们让铜球离开地球，在宇宙中自由地运动，那么它就会向着宇宙的尽头奔去，永不停止。从这样的实验推论出发，伽利略发现，亚里士多德错了。

敲黑板，划重点！

在不受任何外力时，运动的物体会永远保持运动状态，因为物体存在惯性。

拓展阅读 伽利略的斜面实验（原版）

伽利略的实验方案比我们刚才讲的版本略微复杂一些。在真正的实验方案中，伽利略设想了一个固定的斜面和一个倾斜度可以调整的斜面。在这两个斜面中，伽利略铺设了铜球滚动的轨道，还在上面打了蜡。于是，我们可以近似地将两个轨道看成完全光滑的轨道，铜球滚动时不会受到阻力。

这时，当铜球从左边的轨道落下时，它会沿着右边的轨道向上滚。最终，它会滚到跟落下时一样高的高度。

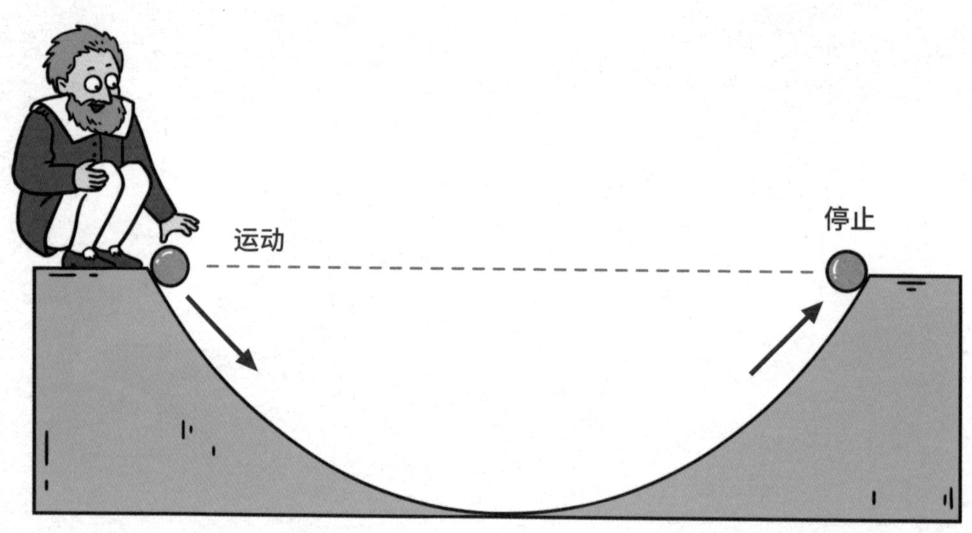

接下来，伽利略一点一点地将右边的轨道变得平坦。相应地，铜球滚到右边轨道相同的高度时，它在水平方向上滚出的距离也就越来越长。

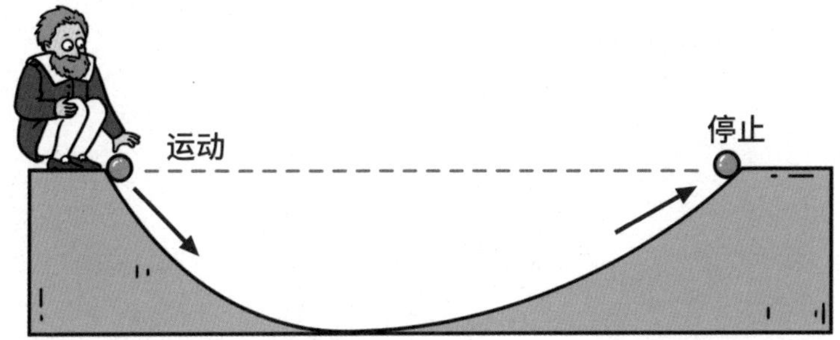

当伽利略把右边的轨道完全放平时，铜球就会在右边的轨道上一直滚下去，永远也不会停。

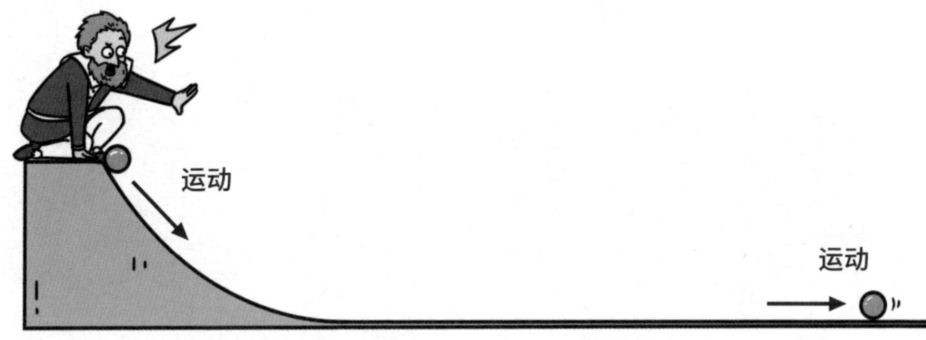

于是，伽利略用这个巧妙的实验证明了亚里士多德的假说是错误的。运动的物体在不受到阻力时，可以一直运动下去。

第 5 节 伽利略实验的两个重要科学意义

伽利略的实验有两个重要的科学意义。

第一，伽利略第一次突显了科学实验对科学的重要性。

在伽利略之前，许多人之所以对亚里士多德的错误观点深信不疑，是因为他们只用眼睛观察周围的现象，只用大脑思考其中的规律，但都没有亲自动手做实验来验证自己的想法。

伽利略身体力行地告诉我们，“君子动口不动手”在科学中是不成立的。因为我们的眼睛有时候会看错，我们的耳朵有时候会听错，我们的大脑有时候会想错，然后将错就错。

因此，我们必须时刻对自己提出的想法进行检验，看看它们到底是我们的异想天开，还是颠扑不破的定律。而检验想法的最好办法，就是进行科学实验，因为事实总是胜于雄辩嘛！

第二，伽利略第一次突显了科学假设对科学的重要性。

伽利略在做实验时，并没有局限在我们所能创造出的条件中，例如冰块、润滑油等。他还设想了一种我们无法创造出的理想条件，即假设一个运动的物体真的可以不受任何阻力。这个假设非常重要，正是这个假设，让我们推导出“运动的物体不受外力时，会由于惯性，始终保持运动的状态”这个结论。如果没有这个假设，我们的实验就会一直进行下去，而得不出任何结论。

第48堂 阻力和惯性

伽利略通过实验又告诉我们一个道理：做实验不能憋着一股劲盲目乱做。我们要对实验中的各种条件进行分析，找出其中的关键所在，然后进行合理的假设，使得实验不必穷尽世界上所有可能的情况，也能得出合理的结论。

于是，在伽利略之后，一代又一代的科学家发扬了他做实验和做假设的精神，发现了一个又一个物理定律，最终建成了我们现在看到的物理学大厦。

今天我要给大家变一个
我新发明的魔术。
什么魔术？

我的手可以不碰到杯子和盘子，
就把它们放在桌面上。

哗！
摇摇晃晃
扯——

嘿嘿嘿嘿……
山小魈果然会魔术，
真是太厉害了！

大家别上他的当，
他这是利用了惯性原理。
老是拆我台……
42

第 6 节 静止的物体也存在惯性

为什么山小魈抽走了桌布，却没有抽走桌布上的餐具呢？

这是因为，山小魈抽桌布的动作太快了，桌布来不及向餐具施加持久的作用力。此时，受惯性影响，餐具仍然保持静止的状态。这样一来，桌布被山小魈抽走之后，餐具就原封不动地落在了桌子上。

这个故事告诉我们，静止的物体跟运动的物体一样，也具有惯性，如果没有外力作用在静止的物体上，它就会一直保持静止。于是，在伽利略证明惯性存在的多年以后，科学家牛顿在他的基础上，将所有有关惯性的规律总结成了**牛顿第一定律**。由于物体保持运动状态不变的性质叫作惯性，因此，牛顿第一定律有时也被我们称作**惯性定律**。

敲黑板，划重点！

牛顿第一定律：物体在没有受到力的作用时，总是保持静止状态或匀速直线运动状态。

这个定律是我们在物理学中学到的第一个力学定律，请你多读几遍，努力记住它吧！

第48堂 阻力和惯性

我们在生活中经常会遇到这样的情况：公交车突然启动时，站立的乘客如果没有抓住扶手，就容易向后倾倒，这是因为乘客具有惯性；衣服上沾了灰尘，用手掸一掸，灰尘就掉下来了，这是因为灰尘也具有惯性；动画片里的人物突然逃跑时，动画师总是会让他们的帽子留在原地，这是因为帽子也具有惯性。

小实验 用一张草稿纸检验静止物体的惯性

伽利略准备了一组斜面，用实验证明了运动物体的惯性。你也可以准备一张草稿纸，用一个小实验来检验静止物体的惯性。不过，在做实验之前，有三个要点请你注意。

第一，草稿纸上不要放容易被打碎的餐具，而要放相对结实的东西。

第二，草稿纸上的物体的质量不能太小。

第三，抽纸的动作要快。如果你的动作拖泥带水，纸上的物体还是会被你拖下来。

当然，做实验之前你要给自己预留足够大的空间，不要碰到周围的东西，也不要把自己碰伤。

我们来一场扔
标枪比赛，谁扔得
远谁就获胜。
帅

嘿！

哈——
10 米
嗖！

两个小不点儿跟我比，
我赢定了！

嘿！

5 米
哈……
扑通！

唉，我肯定要输了。我们个子矮的
跟个子高的比真是太吃亏了。

我们个子虽然矮，
但也有办法赢。

加速加速！

12 米

耳郭狐获胜。

第7节 在生活中利用惯性

耳郭狐的力气比象不象小得多，甚至比山大魈的力气还要小，可是，为什么在扔标枪比赛中，耳郭狐反而扔得最远呢？

这是因为，耳郭狐巧妙地利用了标枪的惯性。

原来，在投掷标枪之前，耳郭狐先向后退，再向前助跑了一段距离。在这个过程中，标枪跟着耳郭狐的步伐，进入了运动的状态。这个时候，假如耳郭狐突然松手并停下脚步，标枪就会在惯性的作用下向前飞行一段距离。当然，耳郭狐在松手之前，也会使出全身的力气，将标枪投掷出去，这股力量再加上标枪的惯性，会让标枪拥有很高的速度，并飞出很远的距离。于是，利用标枪的惯性，耳郭狐赢得了比赛。

在生活中，我们有时会像耳郭狐一样，利用物体的惯性解决难题。例如，当我们要把锤头装在木柄上时，我们会用木柄反复敲击地面，如此一来，锤头就会跟木柄紧紧地咬合在一起。这就是在利用锤头运动时的惯性。

再比如，我们在使用水银体温计之前要使劲甩几下，让水银流回初始的位置。这也是在利用水银运动时的惯性。

再比如，通过快速转动鸡蛋，我们就能判断哪个是生的，哪个是熟的。因为生鸡蛋内部是黏稠的液体，这些液体的不同部分会相互摩擦，让生鸡蛋越转越慢。熟鸡蛋则不同，它是由紧密的固体组成的，如果把它放在光滑的桌面上快速转动，在惯性的作用下，它会长时间地保持转动的状态。这样一来，我们就很容易辨认出哪个是生鸡蛋，哪个是熟鸡蛋了。

如果你还记得“钟摆”故事的话，就会发现，我们和科技馆一起转动，但“钟摆”没有跟着我们一起转动，这是因为“钟摆”也具有惯性。手机里的高科技装置“加速度计”和“陀螺仪”之所以能发挥作用，也是利用了物体的惯性。

加速度计

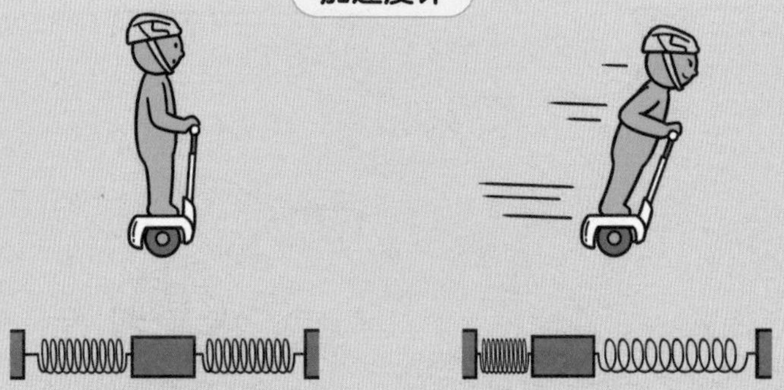

静止或匀速前进

加速前进

陀螺仪

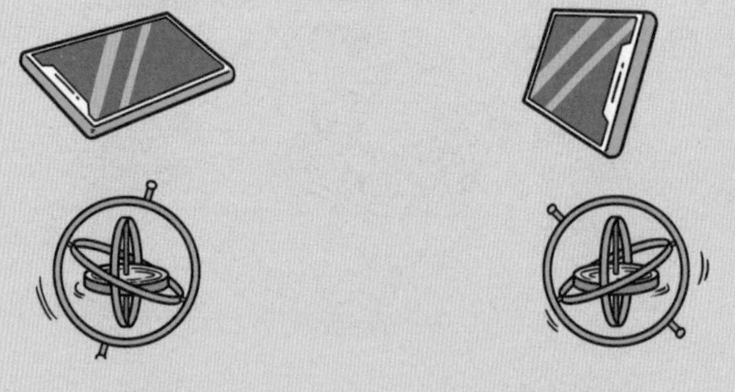

向右倾斜

向左倾斜

你骗了我那么多次，你的宝藏到底藏在什么地方？
藏在山顶上，我让我叔叔开车带你去拿。

这次不准骗我了。
保证不会。

开快点儿，别耍花样！
加速！
加速！

急刹车！

嘎吱——
啊！
啊！
啊！
为什么只有我掉了下来？！

我想到外面拍张照片，
跟咱们的地球合个影。
那你记得系好安全绳。
咦，我站在太空里又不会掉
下去，要安全绳干什么？

咔嚓——

太空的景色真不错。
咔嚓

哇！那里有颗星星好漂亮！
咔嚓

那边的彗星尾巴真长！
咔嚓

妈呀，怎么飞这么远了！
快救救我呀，谢耳朵！

手忙脚乱

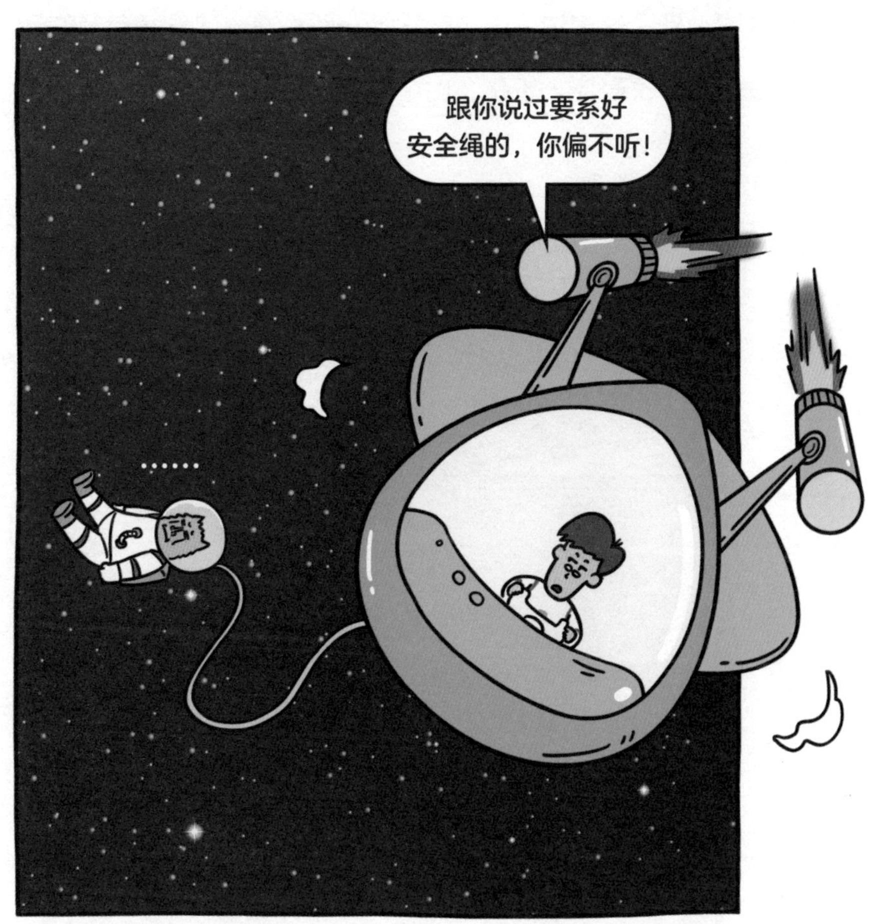
跟你说过要系好
安全绳的，你偏不听！
……

第 8 节 提防生活中的惯性

山大魈在大鳄鱼的胁迫下，让山小魈叔叔开着敞篷车带他去寻找宝藏。到了悬崖边，山小魈猛地一踩刹车，大鳄鱼就从车里飞了出去，掉下了悬崖。于是，山小魈利用大鳄鱼的惯性，巧妙地摆脱了大鳄鱼。

不过，山小魈并没有高兴太久。在一次太空任务中，山小魈兴奋过度，没系上安全绳就飘到空间站外面。要知道，在太空轨道中，山小魈几乎没有办法借助外力来改变自己的运动状态。由于惯性的存在，他一旦开始往远处飘，就会一直飘下去，最终飘到完全看不到空间站的地方。幸好我及时发现了他，把他从太空中救了回来。这个山小魈啊，真是叫人不省心！

所以说，在生活中，惯性并不是每次都能帮我们解决问题，有时候，惯性也会给我们制造新的问题。

例如，如果公交车司机狠狠地踩住了刹车板，车里的乘客不论是站是坐，身体都会剧烈前倾，仿佛下一刻就要从车里飞出去一样。如果是一辆在高速路上行驶的大巴车紧急刹车，车里的乘客恐怕真的会撞碎挡风玻璃飞出去。因此，每次公交车经过站点时，车上的广播都会提醒乘客“拉好扶手，注意安全”。坐大巴车的时候，不管司机有没有提醒，我们都要系好安全带。

除了公交车，大型货车也很容易受到惯性的困扰。装满货物以后，货车的质量会大幅增加，导致它的惯性也大幅增加。假如路上出现了突发情况，就算司机狠狠地踩住刹车板，货车也无法立刻停下来，而是会向前移动一段距离。如果货物装得太满，导致货车的重心过高，货车还有可能发生侧翻。因此，有经验的货车司机在装满货物之后，往往会反复提醒自己不要着急，宁愿开慢一点儿，也不要出危险。

在高速路上，大型货车只能在专门的车道上行驶，小客车在遇到大型货车时，也会尽量躲得远远的，预防可能发生的追尾事故。

对于装载固体货物的货车来说，速度开慢一点儿，刹车踩得及时一点儿，基本能保证货车的安全。但是对于装载液体货物的货车来说，这两种措施仍然是不够的。

请你想象一下，一辆装有柴油的油罐车正在路上行驶。突然，前方发生了紧急情况，司机踩下了刹车。这时，油罐和车头迅速停了下来，可是油罐里的柴油还在像海浪一样向前翻滚，并且狠狠地拍打着油罐。站在司机的视角看，他明明已经快要将车停下来了，可背后又被什么东西狠狠地撞了一下，整个油罐车一边向前滑，一边剧烈晃动。换作你，你害怕不害怕？

没有防波板的油罐车

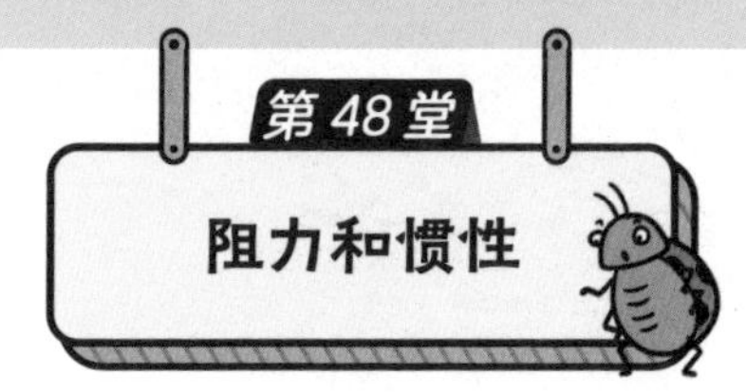

为了防止这样的事故发生，油罐车的设计者在油罐里设计了防波板。这些防波板会让柴油无法掀起“大浪”，使得油罐车停下之后，柴油也能迅速停下来。

装了防波板的油罐车

迅速停止翻滚

说完了地上的惯性问题，让我们再说回太空。

在地球的太空轨道中，飘荡着大大小小近 8000 颗人造卫星。平时，它们会利用自身携带的燃料调整自己的轨道，保证不会跟其他的人造卫星发生碰撞。可是，当人造卫星达到使用寿命，或者发生了严重故障时，它们可能会失去控制，在太空轨道上凭借惯性四处漂泊。这时，它们就变成了飞驰的太空垃圾。

据统计，太空轨道上存在着 8000 多吨太空垃圾，仅直径在 1 厘米以上的太空垃圾，数量就高达 100 万块。

根据万有引力定律，这些太空垃圾每时每刻都会以每秒 7.8 千米的速度在太空中高速掠过。对于其他人造卫星和航天器来说，每一块太空垃圾都有可能变成致命的炮弹。这可不是我危言耸听，而是真实发生过的事情。2009 年，一颗已经报废的卫星的残骸以每秒 11.7 千米的相对速度，撞上了另一颗正在运行的通信卫星。结果两颗卫星碎成了上千块碎片，形成了绵延数千千米的太空垃圾带。

2009 年卫星碰撞示意图

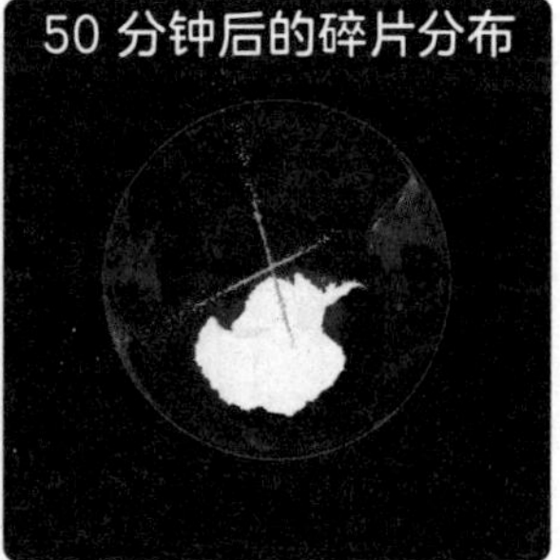

如今，世界各国并没有对太空垃圾的控制开展有效的合作，解决太空垃圾问题的重任，恐怕只能落到下一代人的身上了。

亲爱的读者，对于太空垃圾问题，你们有办法解决吗?

超级英雄救人试验，
预备——开始！

你给我下去吧！

糟糕，有人摔下来了！

冲啊！

我突然有种
不祥的预感！

这下万无一失了。
急刹！
停！

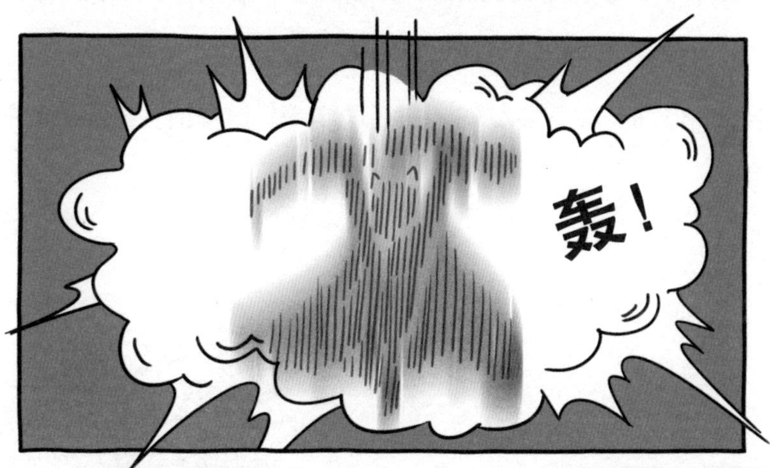
轰！

怎么……怎么会这样！
试验失败了！幸好这只是一个假人。
惊！
42

第 9 节 科幻电影中的惯性

不知道你有没有看过这样的科幻电影：一个普通人被反派从飞机上扔了下来，经过几千米的自由落体之后，眼看就要摔得粉身碎骨，就在这千钧一发之际，超级英雄从天而降，在距离地面 1 米的地方稳稳地接住了他，挽救了一个无辜的生命。

这样的场面令人十分震撼，不禁幻想自己有一天也变成超级英雄，用双臂救援从高空坠落的普通人，为纷乱的世界排忧解难。但如果我们仔细一想就会发现，在物理学中，这样的救援是不可能存在的。

道理很简单。如果一个人不带降落伞从 1 万米的高空坠落，当他受到的空气阻力和他的重力相等时，他的速度会达到极大值，大约是 55 米 / 秒，也就是 198 千米 / 时。这时，如果超级英雄突然用双手托住他，他的速度必然会在极短的时间内降低到 0 米 / 时，在这个过程中，超级英雄和他都会受到巨大的冲击力。这样的冲击力恐怕连坦克都承受不了，更不用说人类的血肉之躯了。你可能会问了，在这种情况下，正确的救援办法是什么呢？

速度为 198 千米 / 时的货车

坦克

真实情况就好比这样。

支离破碎！

我们可以类比一下汽车刹车的过程。当一辆汽车以 198 千米 / 时的速度在汽车试验场飞驰时，假如我们突然踩下刹车，汽车会持续向前滑行很长一段距离，速度从 198 千米 / 时降到 150 千米 / 时，再降到 100 千米 / 时、50 千米 / 时、30 千米 / 时、10 千米 / 时，最后才降到 0 千米 / 时。

因此，假如你是一位超级英雄，当你看到有人从高空坠落时，你首先需要尽快飞到他的身边，并跟着他一起下落。与此同时，你可以双臂抱住他的身体，然后轻轻发力，让你们的速度一点一点降下来。最后，你需要控制双臂的力道，使得你们在落地之前就把速度降低到 0 千米 / 时。这时，你们两人就都可以安全地着陆啦。

1. 谢耳朵先把速度提升到
和假人下坠速度一致。
2. 保持速度接住假人。
3. 开始减速。
4. 安全着陆。
42

第49堂

二力平衡

6 个小时后

太阳都落山了，你们怎么
还没有分出胜负啊？
纹丝不动……

因为我们达到了
二力平衡！

哎呀，字写歪了。
欸！

哎呀，字又写歪了。
嘿！

你们把我挤歪了，
我怎么写作业呀！
抓狂！

!
我们同时发力，二力平衡，
你就可以写作业了呀。
欸！
嘿！

第 1 节 什么是二力平衡

为什么太阳都快落山了，拔河比赛仍然没有分出胜负呢？

因为两支比赛队伍的力气旗鼓相当，谁也没有大过谁。用物理学的术语说，两支队伍对绳子施加的两股力大小相等、方向相反，产生的效果刚好完全抵消，达到了**二力平衡**状态。

厉害。早知道这样我就不等他们了！

因为两队达到了二力平衡的状态，所以就很难分出胜负了。

同样的道理，当小花豹和小狮子把山大魈往中间挤时，山大魈受到的两股外力也刚好大小相等、方向相反，达到了二力平衡状态。所以，山大魈既没有向右边歪，也没有向左边歪，而是保持原地静止的状态。

敲黑板，划重点！

当一个物体受到两个力的作用时，如果这两个力的大小相等、方向相反，且作用在同一条直线上，物体就处于二力平衡的状态。

为什么要懂得二力平衡的道理呢？这是为了让我们更好地学习和应用牛顿第一定律（惯性定律）来解决实际问题。

你想啊，牛顿第一定律说的是一个物体在不受任何外力时会保持原先的运动状态。说得轻巧，世界上哪有不受任何外力的物体呢？比方说，一只秋千静止地吊在树上，而且一直保持着静止的状态，

它难道真的不受任何外力吗？当然不是。它一边受到自身的重力，一边受到绳子的拉力。

再举一个例子。一头在大海中沿着直线匀速游泳的北极熊，真的不受任何外力吗？当然不是。在垂直方向上，它受到自身的重力和海水的浮力；在水平方向上，它的前肢不断划水，产生向前的驱动力，与此同时，它还持续受到前方海水的阻力。

全世界任何一个物体都不会完全不受外力，这难道说明，世界上任何一个物体都不适用于牛顿第一定律吗？答案当然是否定的。虽然所有的物体都会受到外力，但只要某个物体受到的外力彼此抵消，使得物体在各个方向上都处于受力平衡状态，那么，这个物体就会一直保持原先的运动状态。也就是说，这样的物体就适用于牛顿第一定律。

在各种受力平衡状态中，最简单的情况就是两种作用力大小相等、方向相反，也就是二力平衡。因此，在运用牛顿第一定律解决实际问题时，我们要懂得学会分析物体的受力状态，看看它们是否处于二力平衡之中。

我现在受到一个重力，
还有一个空气阻力。

呼——

呼——

重力和空气阻力大小相等、
方向相反，达到了二力平衡。
所以我现在已经保持静止了。

200 万

山小魈好帅！

帅呆了！

狂点三万赞！

可以表演空翻吗？

这波操作无敌了！

超清

发个弹幕

哎呀呀呀——
扑通!

直播间
1500 万
手机没摔坏吧!
脚指头还在动!
溜了溜了!
哈哈糗大了!
这波落地给满分!
哈哈哈哈哈哈!
哈哈，还好我们没有走开!

第 2 节 运动物体的二力平衡

山小魈啊山小魈，你把二力平衡的规律搞错啦。当你打开降落伞之后，向下的重力和向上的空气阻力确实会达到二力平衡的状态，但是处于二力平衡状态的物体并不一定是静止的呀。根据牛顿第一定律，如果你原先在向下坠落，那么在达到二力平衡以后，你仍然会向下坠落，只不过你下落的速度既不会增大，也不会减小，而是始终保持不变。

那么问题又来了，当山小魈打开降落伞以后，他最终匀速下落的速度会是多大呢？答案是 6 米 / 秒。也就是说，当山小魈在下落的途中经过一幢 6 米高的两层小楼时，再过 1 秒，山小魈就会跟地面发生亲密接触了。山小魈就是以这个速度在地上摔了一个狗啃泥。得亏山小魈身强力壮，如果换作我，估计已经昏过去了！

这个故事告诉我们，当一个物体达到二力平衡时，它确实会保持原先的状态不变。这个状态可能是静止，也可能是匀速直线运动。因此，我们不能因为一个物体达到了二力平衡，就以为它已经完全停下来了。

事实上，世界上有很多处于二力平衡状态的物体，都在以一定速度进行直线运动。

例如，当雨滴从云层中落下时，受重力的影响，它下落的速度会逐渐变快。随着它下落的速度不断变快，它受到的空气阻力也会变得越来越大。当它受到的空气阻力变大到跟重力刚好相抵时，雨滴就进入了二力平衡状态。此时，它的速度既不增大，也不减小，而是一直保持下去，直到它落到你的脑袋上。尽管雨滴从千米高空落下，仿佛十分危险，但由于雨滴很小，并且会在不久之后进入二力平衡状态，因此，它最终落下的速度并不会很快，不会对人造成伤害。

理解了这个道理，让我们再回头看一看跳伞的过程。由于跳伞的人在着陆之前的一段时间内，都会以每秒 6 米的速度下落，因此，每个人在跳伞之前，都要先在地上模拟跳伞最后阶段的下落过程。根据估算，跳伞学员需要先学会从 1.8 米高的平台上跳下来，利用特殊的动作进行缓冲，保护自己的膝盖，防止受伤。

敲黑板，划重点！

处于二力平衡状态的物体，可能是静止状态，也可能是匀速直线运动状态。

帅

谢耳朵漫画·物理大爆炸
第50堂
摩擦力

今天谢耳朵不在，我给大家讲一下什么叫摩擦力。

来，山大魈，你上去，给大家表演一下趴着滑滑梯。

帅

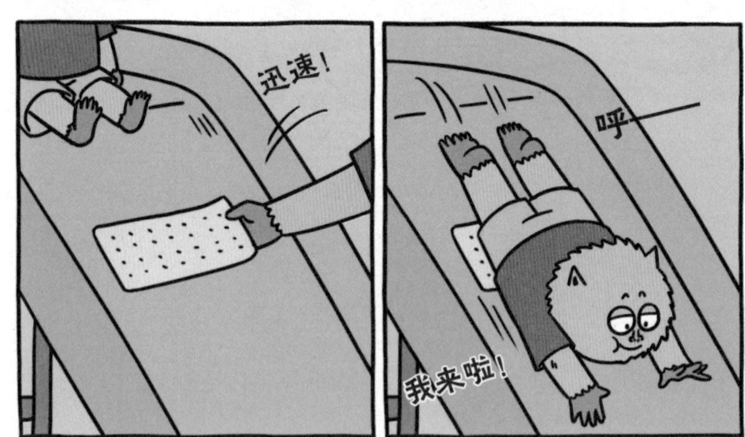

看，这就叫摩擦力！
刺溜——
！
哈哈哈哈哈哈哈！

第1节 什么是摩擦力

当山大魈从滑梯上滑下来的时候，山小魈冷不丁地在滑梯上放了一块魔术贴。虽然山大魈最终还是滑下去了，但他的裤子粘在了魔术贴上面。为什么魔术贴有如此大的力量，能够把裤子从山大魈的身上粘下来呢？

如果你仔细观察魔术贴的表面，就会发现它的质地非常粗糙，上面还布满了细小的绒毛。如果你把衣服使劲地按在魔术贴上，然后试着向水平方向移动，就会感到一股力量在跟你较劲。让你觉得十分吃力的这股力量叫作摩擦力。山大魈的裤子之所以从身上脱落，就是因为裤子和魔术贴之间存在摩擦力。当然，山小魈这样做是不对的，我们可不要学他！

摩擦力

你可不要以为只有魔术贴这样粗糙的物体才会产生摩擦力，实际上，生活中的一切物体在相互接触时，都能够产生摩擦力。道理很简单，如果你拿显微镜观察物体的表面，就会发现它们都是凹凸不平的。因此，当两个物体的表面相互接触时，如果它们之间存在相对运动，这些凹凸不平的地方就会相互阻碍，产生摩擦力。

自行车刹车片

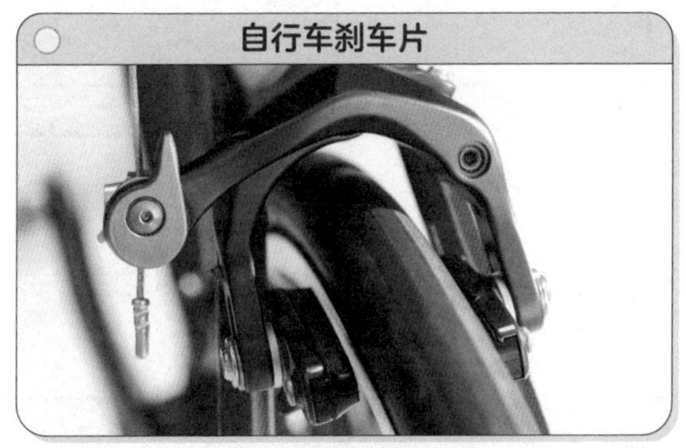

轮胎

小实验 大米的摩擦力

实验材料：矿泉水瓶一个、漏斗一个、大米若干、木筷一根。

第一步，在空的矿泉水瓶上放一个漏斗，然后向其中倒入大米。

第二步，抖动矿泉水瓶，减少大米之间的缝隙。

第三步，将一根木筷插入大米中，待木筷快要被大米淹没时，把木筷向上拉。

怎么样？你是不是把木筷和矿泉水瓶一起提起来了呢？

请你根据二力平衡和摩擦力的知识分析一下，为什么实验结果是这样的。

小实验 纸张的摩擦力

实验材料：书两本。

第一步，找出一本书，打开其中一页，用另一本书将这页纸夹住，然后将两本书拉开。这时，你会觉得两本书之间的摩擦力非常小。

第二步，将两本书一页一页相互交错地夹在一起，然后拉两本书。怎么样？你是不是使出吃奶的劲都没能拉开呢？

请你根据二力平衡和摩擦力的知识分析一下，为什么实验结果是这样的。

我要帮叔叔把雨鞋
擦得干干净净的。

鞋底这么脏，
我要刮干净。
咔嚓——

叔叔，您的雨鞋被我擦
干净啦，快穿上试试看吧。
帅

嗯，果然变干净了。
真是我的好侄子！
帅

哎呀！怎么这么滑？
哈哈哈
刺溜——

你小子给我站住！
咻——

我教你一个秘诀：往脚底抹点儿油，就可以跑得比滑板快。
真的吗？

快好了吗？我要滑滑板了哟。
刷！
油

我来啦！

哈哈哈哈哈！
哎哟！你小子
给我等着！
扑通
刺溜

第 2 节 在生活中减小摩擦力

被山小魈捉弄了以后，山大魈准备反击了。他拿起山小魈的雨鞋，把鞋底凸起的橡胶全部铲掉，让鞋底变得光秃秃的。穿着这样的雨鞋出门，山小魈刚走了两步就摔了一个四仰八叉。

这是因为，雨鞋鞋底凸起的橡胶可以增大走路时的摩擦力，把这些凸起割掉之后，雨鞋的摩擦力减小了，在雨天就很容易打滑。山小魈就是因为走路打滑而摔倒的。

雨鞋鞋底

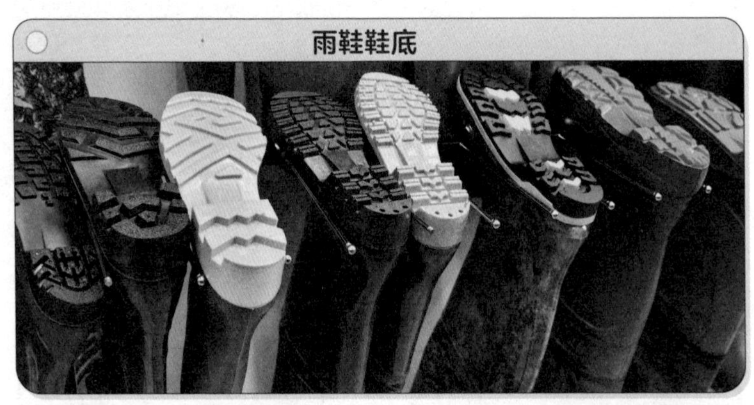

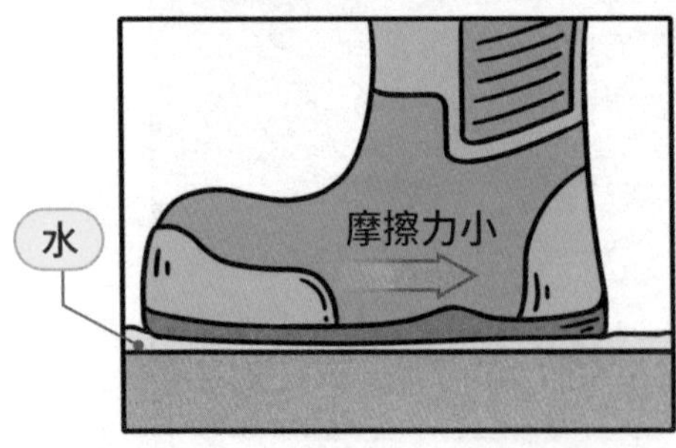

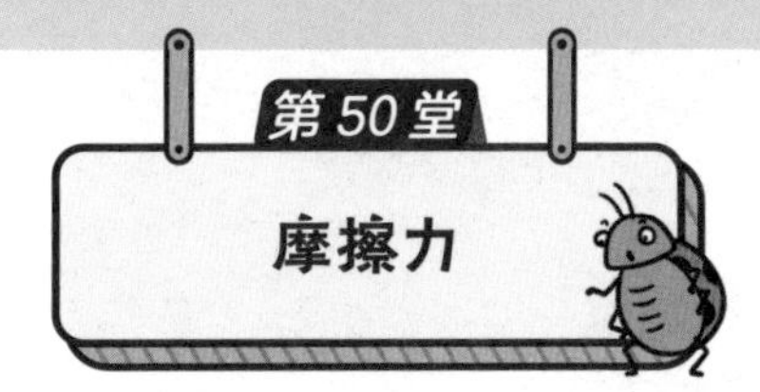

摩擦力

有了成功减小摩擦力的经验，山大魈又机智地利用这个办法摆脱了大鳄鱼的骚扰。他骗大鳄鱼说，往脚底抹油就可以在地上滑行了。结果，大鳄鱼的双脚不停在原地打滑，一步也跨不出去，山大魈则趁机踩着滑板逃之夭夭了。

水滑梯利用水来减小摩擦力

虽然山大魈减小摩擦力是为了捉弄人，但是在实际生活中，我们有时确实需要想办法减少物体之间的摩擦力。例如，自行车轮的轮轴之中，存在着很多圆滚滚的钢珠，当车轮开始转动时，钢珠就会随之一起转动。这时，轮轴受到的摩擦力很小，车轮要转动很多圈以后才会停下来。

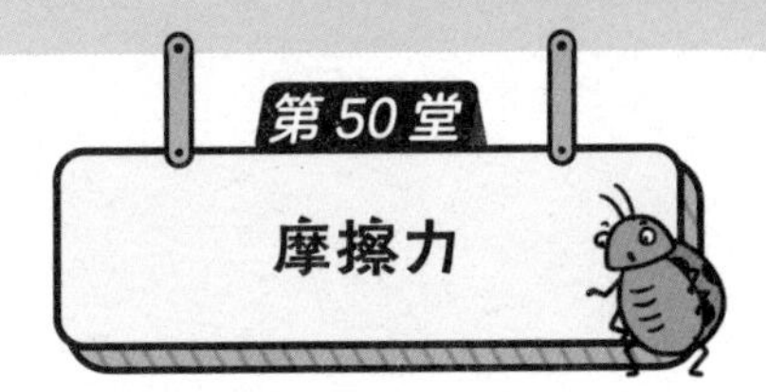

如果我们把这些钢珠统统拿掉，让车轴直接跟轴套接触，就会发现，我们需要花很大的力气才能让车轮转起来。而且，一旦我们停止转动车轮，车轮就会在摩擦力的作用下迅速地停下来。这样的自行车不但骑起来很累，而且很容易把车轴磨坏，到那时，恐怕没有人愿意再将自行车当作代步工具了。

摩擦力大

车好重啊！
完全蹬不动！

除了钢珠，我们有时还会利用润滑油来减小摩擦力。我还是拿自行车举例子：在自行车的两个轮子之间，有一条环形的链条，这条链条通过跟齿轮咬合，将脚踏板转动时产生的力传给后轮，并带动后轮一起转动。为了让这个传递力的过程更加顺利，我们每隔一段时间就要往链条上添加润滑油。如果不添加润滑油，你会觉得自行车的踏板变得越来越重，需要用很大的力气蹬才能让自行车动起来。

给链条上润滑油

除了用钢珠和润滑油，我们还有许多办法可以减小摩擦力。例如，在冰壶运动中，运动员常常需要用冰壶刷使劲擦冰。冰壶刷通过与冰面摩擦生热，使冰面融化，在冰壶和冰面之间形成极薄的一层水膜，有效地减小了摩擦。

在滑冰运动中，运动员之所以能在冰面上高速滑行，也是因为他们在不知不觉中减小了摩擦力。原来，滑冰运动员的鞋底上架着一把锋利的冰刀，当滑冰运动员把全身的力量集中在冰刀上时，冰刀就会让部分冰面碎裂，熔化成水，形成冰水混合物。这种混合物像润滑油一样，能够减小冰面的摩擦力。所以，运动员只需用冰刀狠狠地蹬一下，就可以在冰面上滑出很远的距离。

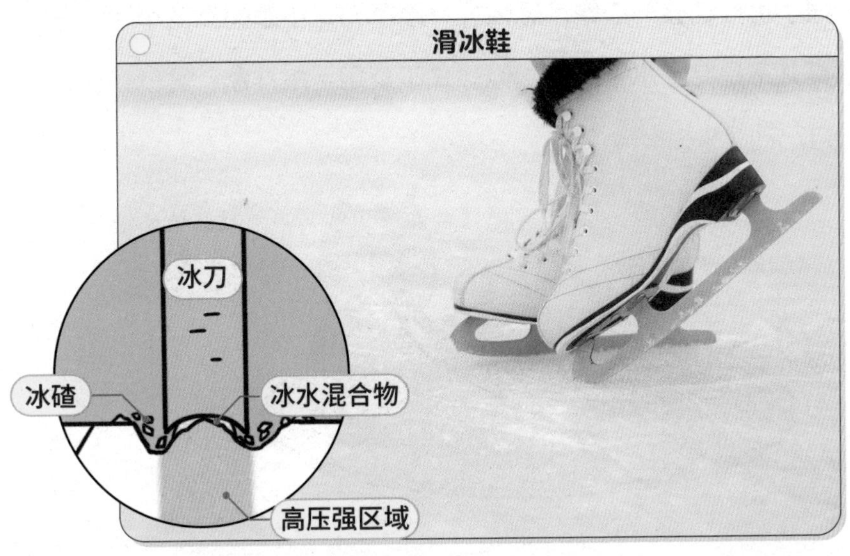

小实验 如何用水减小摩擦力

实验材料：不锈钢盆一个，水半盆。

第一步，找出一个不锈钢盆，装上半盆水，然后把盆放在餐桌上，用一根手指推动盆的边缘。这时，你会发现盆和餐桌之间存在明显的摩擦力。

第二步，在餐桌上倒一些水，然后把盆放在餐桌上有水的地方，用一根手指推动盆的边缘。怎么样，摩擦力是不是突然变小了？假如餐桌并不是完全水平的话，你都来不及用手指推盆，盆就会在餐桌上自己动起来。

最后，给你留一个思考题。在北方，人们常常在下雪后将煤渣或者沙子撒在结冰的路面上，其中的原理是什么?

我得多撒点儿煤渣，不然……

哎呀!

哇！外面下雪了，
我们出去玩吧。
等我穿好鞋子。
呼——
谢耳朵，你怎么把袜子穿在鞋外面呀，笑死我了！
哼哼，你待会儿就知道了！
让你感受感受
什么叫健步如飞！
我也可以健步如飞。
42

还敢嘲笑我
袜子外穿吗？
哎哟喂！
痛死我了！
哎呀呀呀呀……
刺溜

第 3 节 在生活中利用摩擦力

你看看山小魈这个人，一点儿也不长记性，他刚刚因为摩擦力太小栽了跟头，现在出于同样的原因又栽了一个跟头。我之所以要把袜子穿在鞋外面，是因为外面突然下了大雪，而我又没有准备雪地靴。于是，为了增加鞋子和雪地之间的摩擦力，防止脚底打滑，我把袜子穿在了鞋子外面。这一招是我从纪录片《荒野求生》中学来的。

你知道吗，摩擦力并不总是给我们带来麻烦。有时候，摩擦力反而能够帮我们解决麻烦。例如，写字的时候，笔尖和纸张之间必须存在一定的摩擦力，不然的话，我们一笔下去就会画出一道长长的弧线，无法正常写字了。

同样，洗澡的时候也需要摩擦力，不然的话，我们就没法把身上的污垢洗掉。

走路的时候，摩擦力就是我们向前运动的驱动力。如果没有摩擦力，我们就会像大鳄鱼那样原地打滑。

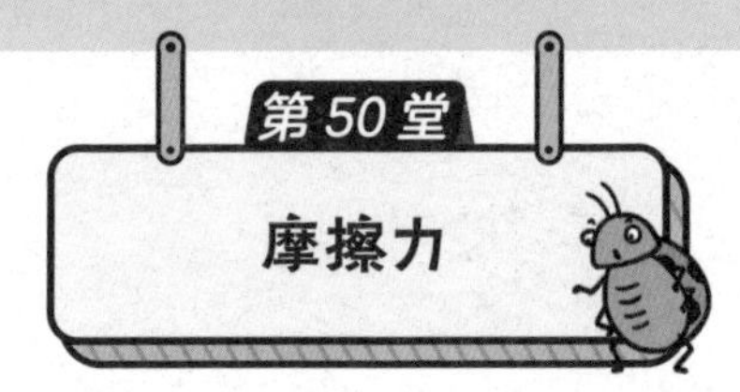

刹车的时候，我们更加需要摩擦力，不然的话，汽车就会无休止地行驶下去。

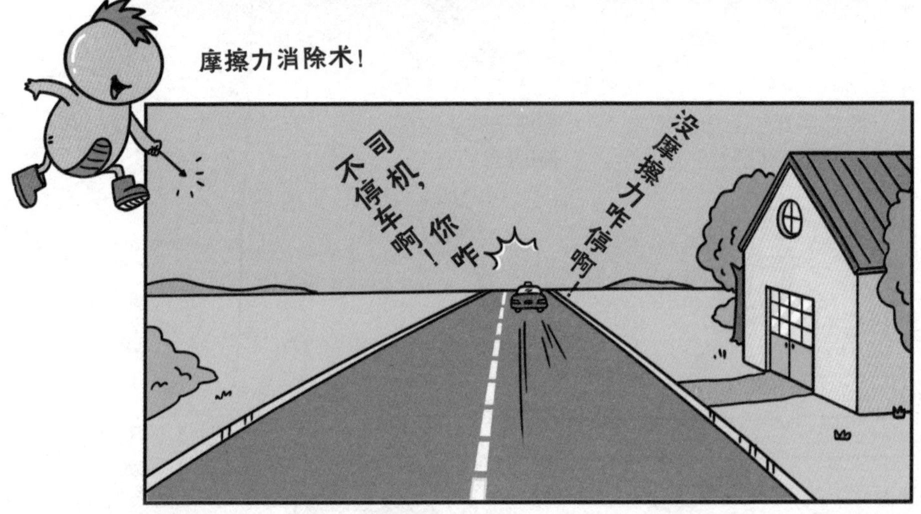

小制作　利用绳结，增大抓握绳子时的摩擦力

遇到危险的时候，我们会利用绳子逃生。有的绳子比较细，抓在手里又滑又勒手。此时，我们可以快速打几个绳结，利用绳结增大摩擦力。

陡坡下降

危险动作
请勿模仿

连续单结

1. 将绳子打成圈放在拇指外的四根手指上。

2. 重复第一步动作，多打几个圈（绳子越长可绕越多）。

3. 把手指上的所有圈取下来，然后把最下面的圈翻到最上面，将绳头从所有圈中穿过，继而将绳子两边收紧拉好。

4. 连续单结完成。

哈哈，这下我不会
再上你的当了。
咻——
咻——

你小子给我等着！
马上要超你了！
咻——
有本事你就追上我咯！
咻——

坐稳扶好！

漂移！
砰！
哇啊啊啊啊啊！
哈哈哈！掉沟里了吧！
砰！
呜呜呜，
这条路我不熟……

第 4 节 汽车漂移——摩擦力和惯性的舞蹈

山小魈开车在前面逃，大鳄鱼开车在后面追。突然，前面出现了一个急转弯，只见山小魈加速冲了上去，不知道怎么操作了一下，汽车突然横着滑动起来，顺利地经过了弯道。而大鳄鱼就没有那么好的车技了，虽然他已经把方向盘转到了底，但汽车还是没能完全转过弯来，只听见“砰”的一声，他连人带车飞了出去，消失在了悬崖深处。

你知道吗，山小魈的这一招滑动转弯，有一个专门的名字，叫作漂移。漂移的原理比较复杂，请你听我慢慢道来。

赛车漂移

Tonal Decay 摄，flickr 收藏，遵守 CC BY-SA 2.0 协议

第50堂 摩擦力

在漂移时，山小魈先是加速，然后突然拉起了手刹。于是，汽车的前轮会受到手刹的作用力，大幅降低速度；与此同时，汽车的后轮并没有直接受到手刹的作用力，在惯性的作用下继续向前运动。

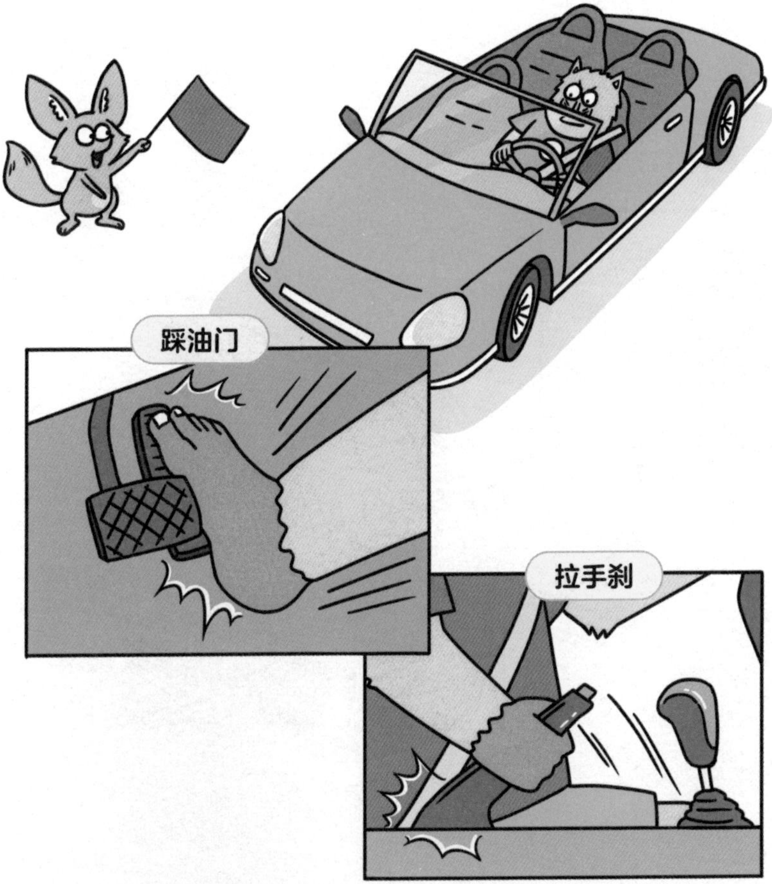

踩油门

拉手刹

在拉起手刹的同时，山小魈还有一个重要的动作需要完成，那就是迅速转动方向盘。假如山小魈没有转动方向盘，那么在惯性的作用下，汽车后轮就有可能“噌”地一下飞起来，直接把山小魈连人带车翻过来，让他比大鳄鱼摔得还惨。但由于山小魈此时已经转动了方向盘，因此汽车后轮改变了运动方向，像鞭子一样甩了出去。

与此同时，汽车的大部分质量都压在了前轮上面，导致前轮与地面的摩擦力变得很大。因此，在漂移的过程中，汽车前轮能够牢牢抓住地面，不会滑到车道外面去。

拉完手刹，马上打方向盘。

嘻嘻，完美漂移！

吱！

于是，在惯性和摩擦力的双重作用下，山小魈利用漂移技术完成了一个危险的急转弯，成功地甩掉了大鳄鱼。你们说，这是不是运动和力的完美结合呀？现在你们知道了吧，刹车的时候，我们更加需要摩擦力，不然的话，汽车就会无休止地行驶下去。

书中所用部分图片标注了出处，为了方便读者查找，保留了图片来源的原始状态，并未翻译成中文。

第 5 页图源
VAZZEN/Shutterstock

第 121 页照片上
Dmitry Morgan/Shutterstock

第 121 页照片下
lightpoet/Shutterstock

第 130 页照片
Sergey Ryzhov/Shutterstock

第 131 页照片
MariKravchuk/Shutterstock

第 132 页照片
optimarc/Shutterstock

第 134 页照片
Tatoka/Shutterstock

第 135 页照片
Petr Smagin/Shutterstock

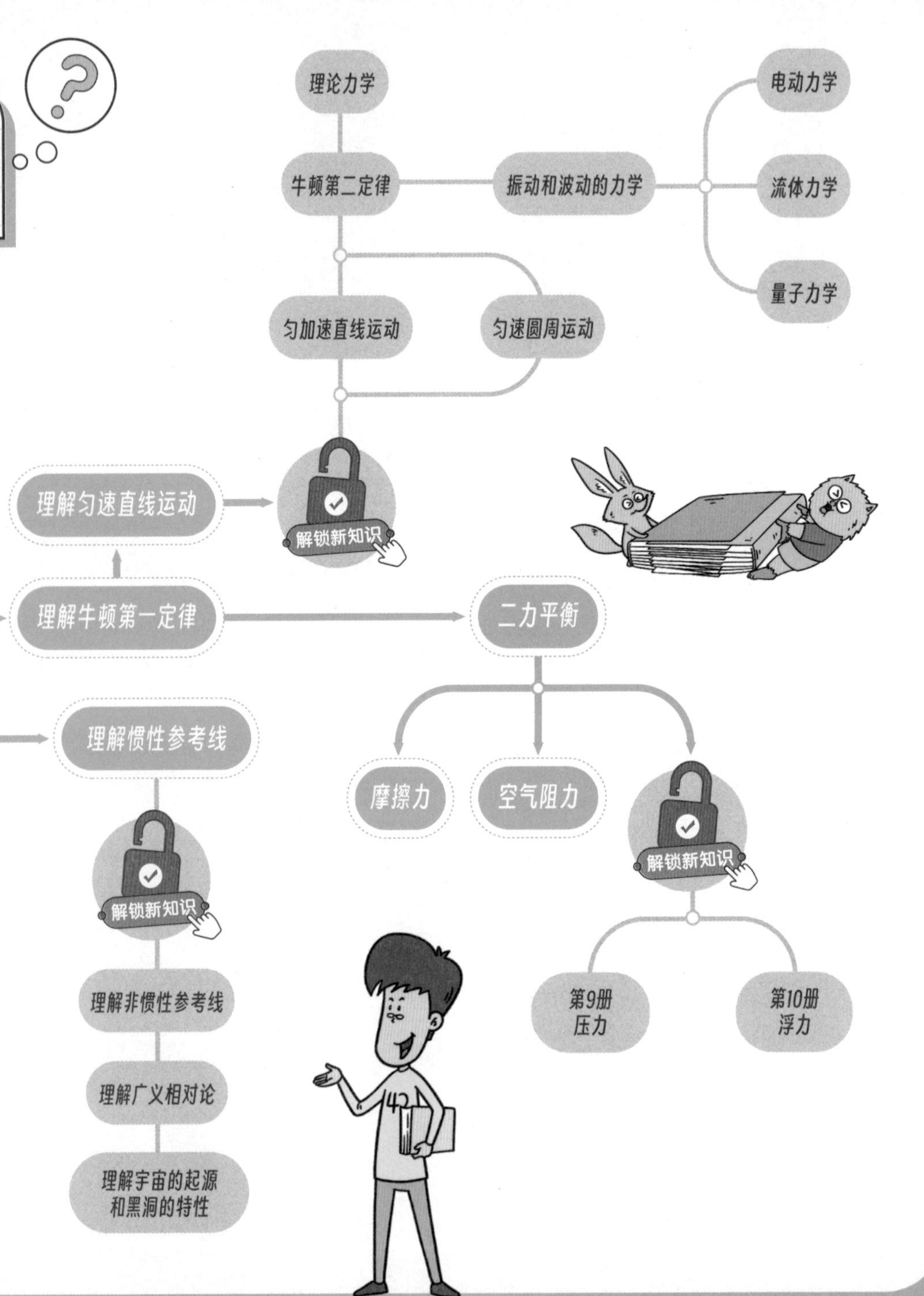

理论力学
牛顿第二定律
振动和波动的力学
电动力学
流体力学
量子力学
匀加速直线运动
匀速圆周运动
理解匀速直线运动
解锁新知识
理解牛顿第一定律
二力平衡
理解惯性参考线
摩擦力
空气阻力
解锁新知识
解锁新知识
第9册
压力
第10册
浮力
理解非惯性参考线
理解广义相对论
理解宇宙的起源
和黑洞的特性

知识地图 运动和力通向何处

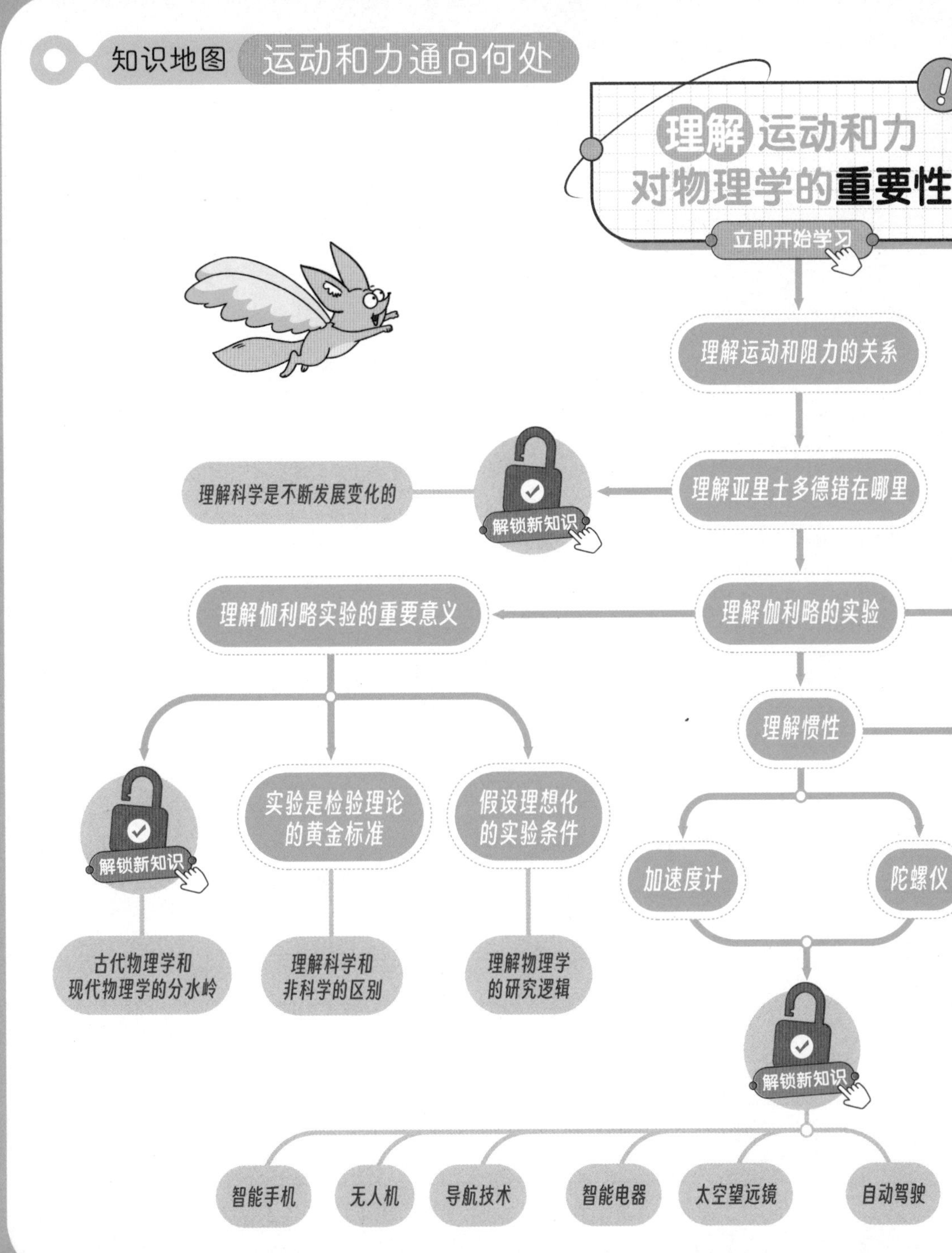